Ausbildung gestalten

Maurer/Maurerin

Hochbaufacharbeiter/ Hochbaufacharbeiterin

Schwerpunkt Maurerarbeiten

Informationen für

- Ausbilder und Ausbilderinnen
- Auszubildende
- Berufsschullehrer und Berufsschullehrerinnen
- Prüfer und Prüferinnen

Impressum

Herausgeber:

Bundesinstitut für Berufsbildung
Friedrich-Ebert-Allee 114–116
53113 Bonn
https://www.bibb.de

Konzeption und Redaktion:

Daniel Schreiber
Bundesinstitut für Berufsbildung
schreiber@bibb.de

Kerstin Jonas
Bundesinstitut für Berufsbildung
jonas@bibb.de

Annette Pohl
Bundesinstitut für Berufsbildung
annette.pohl@bibb.de

Kristina Schäfer
Bundesinstitut für Berufsbildung
kristina.schaefer@bibb.de

Petra Fitzner-Kohn
Bundesinstitut für Berufsbildung
fitzner-kohn@bibb.de

Jennifer Wintgens
Bundesinstitut für Berufsbildung
jennifer.wintgens@bibb.de

Bibliografische Information der Deutschen Nationalbibliothek:

Die Deutsche Nationalbibliothek verzeichnet diese Publikation in der Deutschen Nationalbibliografie; detaillierte bibliografische Daten sind im Internet über http://dnb.dnb.de abrufbar.

urn:nbn:de:
ISBN: 978-3-8474-2834-3 (Print)
ISBN: 978-3-96208-466-0 (PDF)

Gesamtherstellung:

Verlag Barbara Budrich
Stauffenbergstraße 7
51379 Leverkusen
https://www.budrich.de
info@budrich.de

Mit freundlicher Unterstützung von:

Sekretariat der Kultusministerkonferenz, https://www.kmk.org

Gedruckt auf umweltfreundlichem Papier

Vorwort

Ausbildungsforschung und Berufsbildungspraxis im Rahmen von Wissenschaft – Politik – Praxis – Kommunikation sind Voraussetzungen für moderne Ausbildungsordnungen, die im Bundesinstitut für Berufsbildung erstellt werden. Entscheidungen über die Struktur der Ausbildung, über die zu fördernden Kompetenzen und über die Anforderungen in den Prüfungen sind das Ergebnis eingehender fachlicher Diskussionen der Sachverständigen mit BIBB-Experten und -Expertinnen.

Um gute Voraussetzungen für eine reibungslose Umsetzung neuer Ausbildungsordnungen im Sinne der Ausbildungsbetriebe wie auch der Auszubildenden zu schaffen, haben sich Umsetzungshilfen als wichtige Unterstützung in der Praxis bewährt. Die Erfahrungen der „Ausbildungsordnungsmacher“ aus der Erneuerung beruflicher Praxis, die bei der Entscheidung über die neuen Kompetenzanforderungen wesentlich waren, sind deshalb auch für den Transfer der neuen Ausbildungsordnung und des Rahmenlehrplans für den Beruf Hochbaufacharbeiter/-in im Schwerpunkt Maurerarbeiten sowie den Beruf Maurer/-in in die Praxis von besonderem Interesse.

Vor diesem Hintergrund haben sich die Beteiligten dafür entschieden, gemeinsam verschiedene Materialien zur Unterstützung der Ausbildungspraxis zu entwickeln. In der vorliegenden Handreichung werden die Ergebnisse der Neuordnung und die damit verbundenen Ziele und Hintergründe aufbereitet und anschaulich dargestellt. Dazu werden praktische Handlungshilfen zur Planung und Durchführung der betrieblichen und schulischen Ausbildung angeboten.

Ich wünsche mir weiterhin eine umfassende Verbreitung bei allen, die mit der dualen Berufsausbildung befasst sind, sowie bei den Auszubildenden selbst. Den Autoren und Autorinnen gilt mein herzlicher Dank für ihre engagierte und qualifizierte Arbeit.

Bonn, im Januar 2025
Prof. Dr. Friedrich Hubert Esser
Präsident Bundesinstitut für Berufsbildung

Inhaltsverzeichnis

! Die berufsbezogenen Inhalte dieser Umsetzungshilfe geben den Sachstand nach abgeschlossener Neuordnung des Berufs 2023 sowie der Änderungsverordnung von Dezember 2024 wieder. Aktuelle Informationen und eventuell erfolgte Änderungen der gesetzlichen Vorgaben finden Sie unter:

- Hochbaufacharbeiter/-in (Schwerpunkt Maurerarbeiten)
  [https://www.bibb.de/dienst/berufesuche/de/index_berufesuche.php/profile/apprenticeship/yse7474]
- Maurer/-in
  [https://www.bibb.de/dienst/berufesuche/de/index_berufesuche.php/profile/apprenticeship/maurer26]

Farbleitsystem mit Berufszuordnung

HB — **Hoch****bau**berufe = Hochbaufacharbeiter/-in (Schwerpunkt Maurerarbeiten) und Maurer/Maurerin

HF — **H**ochbau**f**acharbeiter/-in (Schwerpunkt Maurerarbeiten)

M — **M**aurer/-in

1 Informationen zum Ausbildungsberuf

1.1 Warum eine Neuordnung und was ist neu?

In den letzten Jahren haben sich die Anforderungen an die Berufe der Bauwirtschaft sowohl beim Neubau als auch beim Bauen im Bestand zunehmend verändert. Durch technische Fortschritte sowie gestiegene Anforderungen des Umwelt- und Verbraucherschutzes wurde eine Anpassung der Ausbildungsinhalte notwendig. Maßnahmen zur Energieeinsparung und Vermeidung von CO_2-Emissionen im Sinne des Klimaschutzes, nachhaltige Baumaterialien oder neue Anforderungen im Zusammenhang mit dem Brandschutz erforderten eine Weiterentwicklung der Berufsbilder. Gebäude werden „smarter" und technische Anlagen, Werkzeuge und Maschinen immer vernetzter. Das verändert auch die Kompetenzanforderungen an Fachkräfte am Bau.
Gegenstand der Ausbildungsverordnung der Bauwirtschaftsberufe sind insgesamt 19 Berufe aus den Bereichen Ausbau, Hochbau und Tiefbau. Davon sind drei Ausbildungsberufe zweijährig und 16 Berufe dreijährig. Die Ausbildungsordnung für den Beruf Hochbaufacharbeiter/-in (Schwerpunkt Maurerarbeiten) sowie für den Beruf Maurer/-in ist Teil der Verordnung zu den Bauwirtschaftsberufen.

Wie ist die betriebliche Ausbildung strukturiert?

Die Ausbildung zum Maurer und zur Maurerin ist vom Allgemeinen zum Speziellen aufgebaut.

- Im ersten Ausbildungsjahr erfolgt eine berufsfeldübergreifende Ausbildung im Sinne einer beruflichen Grundbildung. Dabei lernen die Auszubildenden die grundlegenden Arbeitsschritte in den Bereichen Ausbau, Hochbau und Tiefbau kennen. Im Rahmen von zehn Wochen werden schwerpunktmäßige Ausbildungsinhalte im Beruf vermittelt.
- Im zweiten Ausbildungsjahr stehen der berufliche Schwerpunkt und die bereichsspezifische Ausbildung im Vordergrund. Die schwerpunktmäßige Ausbildung macht 16 Wochen der Ausbildungszeit aus.
- Das dritte Ausbildungsjahr ist berufsspezifisch ausgestaltet.

Die Ausbildung zum Hochbaufacharbeiter und zur Hochbaufacharbeiterin im Schwerpunkt Maurerarbeiten ist identisch mit den ersten beiden Ausbildungsjahren des Berufs Maurer/-in.

Überbetriebliche Ausbildung

Ergänzt und vertieft wird die betriebliche Ausbildung in überbetrieblichen Bildungsstätten. Das Heinz-Piest-Institut für Handwerkstechnik erarbeitet dafür die Unterweisungspläne. Auszubildende sind verpflichtet, an der überbetrieblichen Ausbildung teilzunehmen.
Im Beruf Hochbaufacharbeiter/-in im Schwerpunkt Maurerarbeiten umfasst die überbetriebliche Ausbildung mindestens 24 Wochen und kann um bis zu fünf Wochen erweitert werden.
Im Beruf Maurer/-in umfasst die überbetriebliche Ausbildung mindestens 30 Wochen und kann um bis zu neun Wochen erweitert werden.

Berufsschulischer Unterricht

Für den berufsschulischen Teil der dualen Berufsausbildung wurden die Rahmenlehrpläne komplett überarbeitet. Der neue Rahmenlehrplan und die darin enthaltenen Lernfelder sind mit den betrieblichen Ausbildungsinhalten abgestimmt. Diese Abstimmung wird in der Entsprechungsliste dokumentiert.

Prüfungsform Gestreckte Gesellen- oder Abschlussprüfung

Für den dreijährigen Ausbildungsberuf Maurer/-in wurde die „Gestreckte Gesellen- oder Abschlussprüfung" neu eingeführt, die in zwei zeitlich auseinanderfallenden Teilen durchgeführt wird.
Ziel der „gestreckten" Prüfungsform ist es, die Auszubildenden zu motivieren und bereits in Teil 1 Leistungen zu erbringen, die für die Endnote relevant sind. Außerdem verringert sich der Prüfungsaufwand für Auszubildende, Ausbilder/-innen und Prüfer/-innen.
Teil 1 der Prüfung findet im vierten Ausbildungshalbjahr statt und ist identisch mit der Gesellen- oder Abschlussprüfung des Hochbaufacharbeiters und der Hochbaufacharbeiterin im Schwerpunkt Maurerarbeiten. Diese Struktur ermöglicht die Anrechnung von Prüfungsleistungen und Ausbildungszeiten, sodass Auszubildende des zweijährigen Berufs bei erfolgreich bestandener Prüfung die Ausbildung im dritten Ausbildungsjahr des dreijährigen Berufs fortsetzen können. Des Weiteren gibt es die Möglichkeit, den Abschluss Hochbaufacharbeiter/-in anerkennen zu lassen, wenn Prüflinge Teil 2 der „Gestreckten Gesellen- oder Abschlussprüfung" nicht bestehen.

HB

1.2 Strukturmerkmale im Bereich Hochbau

Innerhalb der Bauwirtschaftsverordnung ist der Beruf Maurer/-in einer von vier Berufen im Bereich Hochbau. Folgende Übersicht verdeutlicht die Strukturen.

	1. Ausbildungsjahr	2. Ausbildungsjahr	3. Ausbildungsjahr
Zweijähriger Ausbildungsberuf ▶ Hochbaufacharbeiter/-in	**Ausbildungsinhalte:**		
	▶ übergreifende Inhalte ▶ Inhalte im Ausbau ▶ Inhalte im Hochbau ▶ Inhalte im Tiefbau	▶ übergreifende Inhalte im Bereich ▶ Inhalte im Schwerpunkt	
	Standardberufsbildpositionen		
	Prüfung:		
	Zwischenprüfung ▶ ein Prüfungsbereich ▶ praktische und schriftliche Aufgaben **Das Ergebnis fließt nicht in die Endnote ein.**	**Gesellen- oder Abschlussprüfung** ▶ drei Prüfungsbereiche, inkl. Wirtschafts- und Sozialkunde ▶ praktische und schriftliche Aufgaben	Bei erfolgreichem Bestehen der Gesellen- oder Abschlussprüfung kann die Ausbildung im dritten Ausbildungsjahr im dreijährigen Beruf fortgesetzt werden, wenn der oder die Auszubildende und der Betrieb sich einig sind.
Anrechnungsmodell	Die Ausbildungszeiten sowie das Ergebnis der Gesellen- oder Abschlussprüfung werden für die weiterführende Ausbildung im dreijährigen Beruf angerechnet.		
Dreijährige Ausbildungsberufe im Bereich Hochbau: ▶ **Maurer/-in** ▶ Beton- und Stahlbetonbauer/-in ▶ Feuerungs- und Schornsteinbauer/-in ▶ Bauwerksmechaniker/-in für Abbruch und Betontrenntechnik	**Ausbildungsinhalte:**		
	▶ berufsfeldübergreifende Inhalte ▶ Inhalte im Ausbau ▶ Inhalte im Hochbau ▶ Inhalte im Tiefbau	▶ berufsfeldübergreifende Inhalte ▶ gemeinsame Inhalte im Bereich ▶ berufsspezifische Inhalte	▶ berufsspezifische Inhalte
	Standardberufsbildpositionen		
	Prüfung:		
	keine Prüfung nach einem Jahr	**„Gestreckte Gesellen- oder Abschlussprüfung" Teil 1** (im vierten Ausbildungshalbjahr) ▶ ein Prüfungsbereich in zwei Teilen ▶ praktische und schriftliche Aufgaben **Das Ergebnis fließt mit 40 % in die Endnote ein.**	**„Gestreckte Gesellen- oder Abschlussprüfung" Teil 2** (am Ende der Berufsausbildung) ▶ vier Prüfungsbereiche, inkl. Wirtschafts- und Sozialkunde ▶ praktische Aufgabe mit Dokumentation ▶ schriftliche Aufgaben
Rückfalloption	Bei Nichtbestehen von Teil 2 der „Gestreckten Gesellen- oder Abschlussprüfung" werden das Ergebnis von Wirtschafts- und Sozialkunde (Teil 2) sowie das Ergebnis von Teil 1 der „Gestreckten Gesellen- oder Abschlussprüfung" angerechnet, und auf Antrag kann der Berufsabschluss im zweijährigen Beruf erworben werden.		
Überbetriebliche Ausbildung			
	mindestens 13 Wochen maximal 16 Wochen	mindestens 11 Wochen maximal 13 Wochen	mindestens 6 Wochen maximal 10 Wochen

2 Ausbildungsordnung und Ausbildungsrahmenplan

2.1 Paragrafen der Ausbildungsordnung

Die Berufe Hochbaufacharbeiter/-in (Schwerpunkt Maurerarbeiten) sowie Maurer/-in werden zusammen mit den anderen Berufen des Bereichs Hochbau in einer Ausbildungsordnung verordnet. Zur besseren Übersicht über die Berufe werden hier nur die Paragrafen und Ausbildungsinhalte dargestellt, die die Ausbildung zum Hochbaufacharbeiter und zur Hochbaufacharbeiterin (Schwerpunkt Maurerarbeiten) sowie zum Maurer und zur Maurerin betreffen. Dadurch kann es bei den Nummerierungen von Paragrafen und Absätzen zu Sprüngen und Auslassungen [...] kommen. Die Änderungsverordnung vom 17. Dezember 2024 wurde berücksichtigt.

Verordnung zur Neuordnung der Ausbildung in der Bauwirtschaft

Vom 3. Juni 2024

Auf Grund

- des § 25 Absatz 1 Satz 1 der Handwerksordnung, der zuletzt durch Artikel 2 Nummer 1 des Gesetzes vom 9. November 2022 (BGBl. I S. 2009) geändert worden ist, und
- des § 4 Absatz 1 des Berufsbildungsgesetzes in der Fassung der Bekanntmachung vom 4. Mai 2020 (BGBl. I S. 920) in Verbindung mit § 1 Absatz 2 des Zuständigkeitsanpassungsgesetzes vom 16. August 2002 (BGBl. I S. 3165) und dem Organisationserlass vom 8. Dezember 2021 (BGBl. I S. 5176)

verordnet das Bundesministerium für Wirtschaft und Klimaschutz im Einvernehmen mit dem Bundesministerium für Bildung und Forschung:

Inhaltsübersicht

Artikel 1 Verordnung über die Berufsausbildung in Tiefbauberufen (Tiefbauberufeausbildungsverordnung – TiefbauBAusbV)

Artikel 2 Verordnung über die Berufsausbildung in Hochbauberufen (Hochbauberufeausbildungsverordnung – HochbauBAusbV)

Artikel 3 Verordnung über die Berufsausbildung in Ausbauberufen (Ausbauberufeausbildungsverordnung – AusbauBAusbV)

Artikel 4 Inkrafttreten, Außerkrafttreten

Artikel 2

Kurzübersicht

[▼ Abschnitt 1]: Gegenstand, Dauer und Gliederung der Berufsausbildung (§§ 1 bis 5 und §§ 9 bis 10)

[▼ Abschnitt 2]: Berufsausbildung zum Hochbaufacharbeiter und zur Hochbaufacharbeiterin (Schwerpunkt Maurerarbeiten) (§§ 11 bis 21)

  [▼ Unterabschnitt 1]: Zwischenprüfung

  [▼ Unterabschnitt 2]: Gesellen- oder Abschlussprüfung

[▼ Abschnitt 3]: Berufsausbildung zum Maurer und zur Maurerin (§§ 22 bis 34)

  [▼ Unterabschnitt 1]: Gesellen- oder Abschlussprüfung

  [▼ Unterabschnitt 2]: Weitere Berufsausbildungen

[...]

[▼ Abschnitt 7]: Schlussvorschriften (§ 74)

HB

Abschnitt 1: Gegenstand, Dauer und Gliederung der Berufsausbildung

§ 1 Staatliche Anerkennung der Ausbildungsberufe

(1) Der Ausbildungsberuf mit der Berufsbezeichnung Hochbaufacharbeiter und Hochbaufacharbeiterin wird staatlich anerkannt nach

1. § 25 der Handwerksordnung zur Ausbildung für das Gewerbe nach Anlage A Nummer 1, Maurer und Betonbauer, der Handwerksordnung und
2. § 4 Absatz 1 des Berufsbildungsgesetzes.

(2) Der Ausbildungsberuf mit der Berufsbezeichnung Maurer und Maurerin wird staatlich anerkannt nach

1. § 25 der Handwerksordnung zur Ausbildung für das Gewerbe nach Anlage A Nummer 1, Maurer und Betonbauer, der Handwerksordnung und
2. § 4 Absatz 1 des Berufsbildungsgesetzes.

[...]

§ 2 Dauer der Berufsausbildungen

(1) Die Berufsausbildung im Ausbildungsberuf Hochbaufacharbeiter und Hochbaufacharbeiterin dauert zwei Jahre.

(2) Die Berufsausbildung im Ausbildungsberuf Maurer und Maurerin dauert drei Jahre.

[...]

§ 3 Gegenstand der Berufsausbildungen und Ausbildungsrahmenpläne

(1) Gegenstand der Berufsausbildung zum Hochbaufacharbeiter und zur Hochbaufacharbeiterin sind mindestens die in dem jeweiligen Ausbildungsrahmenplan in den folgenden Anlagen genannten Fertigkeiten, Kenntnisse und Fähigkeiten:

1. im Schwerpunkt Maurerarbeiten: Anlage 1 Abschnitt A, B und D,

[...]

(2) Gegenstand der Berufsausbildung zum Maurer und zur Maurerin sind mindestens die im Ausbildungsrahmenplan für die Berufsausbildung zum Hochbaufacharbeiter und zur Hochbaufacharbeiterin im Schwerpunkt Maurerarbeiten sowie zum Maurer und zur Maurerin in Anlage 1 Abschnitt A bis D genannten Fertigkeiten, Kenntnisse und Fähigkeiten.

[...]

(6) Von der Organisation der Berufsausbildung, wie sie in den jeweiligen Anlagen 1 bis 4 vorgegeben ist, darf von den Ausbildenden abgewichen werden, wenn und soweit betriebspraktische Besonderheiten oder Gründe, die in der Person des oder der Auszubildenden liegen, die Abweichung erfordern.

(7) Die in den jeweiligen Anlagen 1 bis 4 genannten Fertigkeiten, Kenntnisse und Fähigkeiten sollen von den Ausbildenden so vermittelt werden, dass die Auszubildenden die berufliche Handlungsfähigkeit nach § 1 Absatz 3 des Berufsbildungsgesetzes erlangen. Die berufliche Handlungsfähigkeit schließt insbesondere selbständiges Planen, Durchführen und Kontrollieren bei der Ausübung der beruflichen Aufgaben ein.

§ 4 Struktur der Berufsausbildung zum Hochbaufacharbeiter und zur Hochbaufacharbeiterin sowie Ausbildungsberufsbild

(1) Die Berufsausbildung gliedert sich in:

1. schwerpunktübergreifende berufsprofilgebende Fertigkeiten, Kenntnisse und Fähigkeiten,
2. schwerpunktübergreifende integrativ zu vermittelnde Fertigkeiten, Kenntnisse und Fähigkeiten sowie
3. weitere Fertigkeiten, Kenntnisse und Fähigkeiten in einem der Schwerpunkte:

   a) Maurerarbeiten

   [...]

Die Fertigkeiten, Kenntnisse und Fähigkeiten sind in Berufsbildpositionen als Teil des Ausbildungsberufsbildes gebündelt.

(2) Die Berufsbildpositionen der schwerpunktübergreifenden berufsprofilgebenden Fertigkeiten, Kenntnisse und Fähigkeiten sind:

1. Übernehmen von Arbeitsaufträgen und kundenorientierte Kommunikation,
2. Planen, Vorbereiten und Organisieren von Arbeitsaufgaben,
3. Einrichten, Sichern, Unterhalten und Räumen von Baustellen,
4. Bedienen und Instandhalten von Werkzeugen, Maschinen und Anlagen,
5. Prüfen, Lagern und Auswählen von Baustoffen und Bauhilfsstoffen,
6. Lesen und Anwenden von Plänen und Zeichnungen, Anfertigen von Skizzen, auch digital,
7. Durchführen von Messungen mittels sowohl analoger als auch digitaler Messgeräte,
8. Bearbeiten von Holz und Holzwerkstoffen sowie Herstellen von Holzbauteilen,
9. Herstellen von Bauteilen aus Beton und Stahlbeton,
10. Herstellen von Baukörpern aus Steinen,
11. Durchführen von Energieeffizienzmaßnahmen sowie Maßnahmen zum Schall- und Brandschutz in und an Bauwerken und Bauteilen,
12. Herstellen von Putzen,
13. Herstellen von Estrichen,
14. Ansetzen und Verlegen von Fliesen und Platten,
15. Herstellen von Bauteilen im Trockenbau,
16. Herstellen von Baugruben und Gräben sowie Durchführen von Verbauarbeiten und Wasserhaltungen,
17. Herstellen von Verkehrswegen,
18. Herstellen von Infrastrukturleitungen und Bohrungen,
19. Umbauen und Rückbauen von Baukörpern sowie
20. Durchführen von qualitätssichernden Maßnahmen und Übergeben der Leistungen.

In den Schwerpunkten nach § 3 Absatz 1 Nummer 1 bis 4 ist für die Vermittlung von Fertigkeiten, Kenntnissen und Fähigkeiten Folgendes anzuwenden:

1. im Schwerpunkt Maurerarbeiten werden die Fertigkeiten, Kenntnisse und Fähigkeiten nach Satz 1 Nummer 8 und 11 bis 19 im Zusammenhang mit der Vermittlung anderer Fertigkeiten, Kenntnisse und Fähigkeiten desselben Schwerpunkts vermittelt,

[...]

HF

(3) Die Berufsbildpositionen der schwerpunktübergreifenden integrativ zu vermittelnden Fertigkeiten, Kenntnisse und Fähigkeiten sind:

1. Organisation des Ausbildungsbetriebes, Berufsbildung sowie Arbeits- und Tarifrecht,
2. Sicherheit und Gesundheit bei der Arbeit,
3. Umweltschutz und Nachhaltigkeit sowie
4. digitalisierte Arbeitswelt.

(4) In den Schwerpunkten werden in folgenden Berufsbildpositionen weitere Fertigkeiten, Kenntnisse und Fähigkeiten vermittelt:

1. in den Schwerpunkten Maurerarbeiten, Beton- und Stahlbetonbauarbeiten sowie Feuerungs- und Schornsteinbauarbeiten jeweils in den Berufsbildpositionen
   a) Herstellen von Bauteilen aus Beton und Stahlbeton sowie
   b) Herstellen von Baukörpern aus Steinen,

[...]

M

§ 5 Struktur der Berufsausbildung zum Maurer und zur Maurerin sowie Ausbildungsberufsbild

(1) Die Berufsausbildung gliedert sich in:

1. berufsprofilgebende Fertigkeiten, Kenntnisse und Fähigkeiten sowie
2. integrativ zu vermittelnde Fertigkeiten, Kenntnisse und Fähigkeiten.

Die Fertigkeiten, Kenntnisse und Fähigkeiten sind in Berufsbildpositionen gebündelt.

(2) Die Berufsbildpositionen der berufsprofilgebenden Fertigkeiten, Kenntnisse und Fähigkeiten sind:

1. Übernehmen von Arbeitsaufträgen und kundenorientierte Kommunikation,
2. Planen, Vorbereiten und Organisieren von Arbeitsaufgaben,
3. Einrichten, Sichern, Unterhalten und Räumen von Baustellen,
4. Bedienen und Instandhalten von Werkzeugen, Maschinen und Anlagen,
5. Prüfen, Lagern und Auswählen von Baustoffen und Bauhilfsstoffen,
6. Lesen und Anwenden von Plänen und Zeichnungen, Anfertigen von Skizzen, auch digital,
7. Durchführen von Messungen mittels sowohl analoger als auch digitaler Messgeräte,
8. Bearbeiten von Holz und Holzwerkstoffen sowie Herstellen von Holzbauteilen,
9. Herstellen von Bauteilen aus Beton und Stahlbeton,
10. Herstellen von Baukörpern aus Steinen,
11. Durchführen von Energieeffizienzmaßnahmen sowie Maßnahmen zum Schall- und Brandschutz in und an Bauwerken und Bauteilen,
12. Herstellen von Putzen,
13. Herstellen von Estrichen,
14. Ansetzen und Verlegen von Fliesen und Platten,
15. Herstellen von Bauteilen im Trockenbau,

M

16. Herstellen von Baugruben und Gräben sowie Durchführen von Verbauarbeiten und Wasserhaltungen,
17. Herstellen von Verkehrswegen,
18. Herstellen von Infrastrukturleitungen und Bohrungen,
19. Umbauen und Rückbauen von Baukörpern,
20. Durchführen von qualitätssichernden Maßnahmen und Übergeben der Leistungen sowie
21. Instandhalten und Sichern von Baukörpern.

Die Vermittlung der Fertigkeiten, Kenntnisse und Fähigkeiten nach Satz 1 Nummer 8 und 11 bis 19 erfolgt im Zusammenhang mit der Vermittlung anderer Fertigkeiten, Kenntnisse und Fähigkeiten des Ausbildungsberufs Maurer und Maurerin. Die Berufsbildpositionen der integrativ zu vermittelnden Fertigkeiten, Kenntnisse und Fähigkeiten sind:

1. Organisation des Ausbildungsbetriebes, Berufsbildung sowie Arbeits- und Tarifrecht,
2. Sicherheit und Gesundheit bei der Arbeit,
3. Umweltschutz und Nachhaltigkeit sowie
4. digitalisierte Arbeitswelt.

[...]

§ 9 Berufsausbildung in überbetrieblichen Ausbildungsstätten

HF

(1) Die Berufsausbildung im Ausbildungsberuf Hochbaufacharbeiter und Hochbaufacharbeiterin ist während einer Dauer von 24 Wochen in geeigneten Einrichtungen außerhalb der Ausbildungsstätte durchzuführen. Hierdurch sind folgende Fertigkeiten, Kenntnisse und Fähigkeiten entsprechend des jeweiligen Schwerpunktes zu ergänzen und zu vertiefen:

1. Schwerpunkt Maurerarbeiten:
   a) im ersten Ausbildungsjahr in 13 Wochen Fertigkeiten, Kenntnisse und Fähigkeiten nach der Anlage 1 Abschnitt A laufende Nummer 4 und 7 bis 18 sowie
   b) im zweiten Ausbildungsjahr in elf Wochen Fertigkeiten, Kenntnisse und Fähigkeiten nach der Anlage 1 Abschnitt B laufende Nummer 4 und 7 bis 13;

[...]

M

(2) Die Berufsausbildung im Ausbildungsberuf Maurer und Maurerin ist während einer Dauer von 30 Wochen in geeigneten Einrichtungen außerhalb der Ausbildungsstätte durchzuführen. Hierdurch sind folgende Fertigkeiten, Kenntnisse und Fähigkeiten zu ergänzen und zu vertiefen:

1. im ersten Ausbildungsjahr in 13 Wochen Fertigkeiten, Kenntnisse und Fähigkeiten nach der Anlage 1 Abschnitt A laufende Nummer 4 und 7 bis 18,
2. im zweiten Ausbildungsjahr in elf Wochen Fertigkeiten, Kenntnisse und Fähigkeiten nach der Anlage 1 Abschnitt B laufende Nummer 4 und 7 bis 13 sowie
3. im dritten Ausbildungsjahr in sechs Wochen Fertigkeiten, Kenntnisse und Fähigkeiten nach der Anlage 1 Abschnitt C laufende Nummer 5 bis 7.

[...]

HB

(6) Wenn und soweit es die Berufsausbildung erfordert, kann sie in den in den Absätzen 1 bis 5 genannten Ausbildungsberufen zusätzlich in geeigneten Einrichtungen außerhalb der Ausbildungsstätte durchgeführt werden während einer Dauer von insgesamt bis zu

1. fünf Wochen in den Fällen des Absatzes 1 oder
2. neun Wochen in den Fällen der Absätze 2 bis 5.

HB

Während des benannten zeitlichen Gesamtumfangs nach Satz 1 Nummer 1 oder Nummer 2 sind einzelne der in den Absätzen 1 bis 5 jeweils genannten Fertigkeiten, Kenntnisse und Fähigkeiten zu ergänzen und zu vertiefen. Im Fall des Satzes 1 Nummer 1 entfallen auf das erste Ausbildungsjahr höchstens drei Wochen und auf das zweite Ausbildungsjahr höchstens zwei Wochen. Im Fall des Satzes 1 Nummer 2 entfallen auf das erste Ausbildungsjahr höchstens drei Wochen, auf das zweite Ausbildungsjahr höchstens zwei Wochen und auf das dritte Ausbildungsjahr höchstens vier Wochen. Die Festlegung über die Erforderlichkeit, den genauen zeitlichen Umfang, einschließlich dessen Verteilung über die Ausbildungsjahre, und die Inhalte der zusätzlichen überbetrieblichen Ausbildung trifft der Ausbildende.

HB

§ 10 Ausbildungsplan

Die Ausbildenden haben spätestens zu Beginn der Ausbildung auf der Grundlage des jeweiligen Ausbildungsrahmenplans für jeden Auszubildenden und für jede Auszubildende einen Ausbildungsplan zu erstellen.

HF

Abschnitt 2: Berufsausbildung zum Hochbaufacharbeiter und zur Hochbaufacharbeiterin (Schwerpunkt Maurerarbeiten)

Unterabschnitt 1: Zwischenprüfung

§ 11 Ausbildungsplan

(1) Die Zwischenprüfung soll im dritten Ausbildungshalbjahr stattfinden.

(2) Den Zeitpunkt legt die zuständige Stelle fest.

§ 12 Inhalt

Die Zwischenprüfung erstreckt sich auf

1. die in den Ausbildungsrahmenplänen der Berufe in den Anlagen 1 bis 4 jeweils im Abschnitt A für die ersten zwölf Monate genannten Fertigkeiten, Kenntnisse und Fähigkeiten sowie
2. den im Berufsschulunterricht zu vermittelnden Lehrstoff, soweit er den in den Ausbildungsrahmenplänen der Berufe in den Anlagen 1 bis 4 jeweils im Abschnitt A genannten Fertigkeiten, Kenntnissen und Fähigkeiten entspricht.

§ 13 Prüfungsbereich

(1) Die Zwischenprüfung findet im Prüfungsbereich „Durchführen von Arbeiten im Hochbau" statt.

(2) Im Prüfungsbereich „Durchführen von Arbeiten im Hochbau" hat der Prüfling nachzuweisen, dass er in der Lage ist,

1. Arbeitsschritte zu planen sowie persönliche Schutzausrüstung auszuwählen,
2. Arbeitsplätze einzurichten und zu räumen,
3. Baustoffe und Bauhilfsstoffe zu unterscheiden, auszuwählen und einzusetzen sowie Mengen zu berechnen,
4. Werkzeuge zu unterscheiden, auszuwählen und einzusetzen,
5. ergonomische, ökologische und ökonomische Gesichtspunkte bei der Durchführung der Arbeiten zu berücksichtigen,
6. Pläne, Skizzen und Zeichnungen zu lesen und anzuwenden,
7. Untergründe nach Vorgaben vorzubereiten,
8. Baukörper herzustellen,
9. Gefahrstoffe in Bauprodukten zu unterscheiden, Schutzmaßnahmen zu ergreifen, Gefahrstoffe umweltgerecht zu lagern sowie
10. Arbeitsergebnisse zu kontrollieren sowie Maßnahmen zur Qualitätssicherung durchzuführen.

(3) Für den Nachweis nach Absatz 2 ist eine der folgenden Tätigkeiten zugrunde zu legen:

1. Herstellen eines Mauerwerkskörpers mit rechtwinklig einbindender Wand,
2. Herstellen einer betonierfähigen Schalung für ein rechteckiges Stahlbetonteil oder
3. Herstellen eines rechteckigen Bewehrungskorbes.

Der Prüfungsausschuss legt fest, welche Tätigkeit nach Satz 1 zugrunde gelegt wird. Dabei ist der Schwerpunkt nach § 4 Absatz 1 Satz 1 Nummer 3, in dem der Prüfling ausgebildet wird, zu berücksichtigen.

(4) Der Prüfling hat eine Arbeitsaufgabe durchzuführen und die Durchführung mit praxisüblichen Unterlagen zu dokumentieren. Zusätzlich hat der Prüfling hierfür geeignete Aufgaben schriftlich zu bearbeiten. Die Aufgaben müssen praxisbezogen sein.

(5) Die Prüfungszeit für die Durchführung der Arbeitsaufgabe und für die Dokumentationen beträgt insgesamt 6 Stunden. Die Prüfungszeit für die schriftliche Bearbeitung der Aufgaben beträgt 60 Minuten.

Unterabschnitt 2: Gesellen- oder Abschlussprüfung

§ 14 Zeitpunkt

(1) Die Gesellen- oder Abschlussprüfung findet am Ende der Berufsausbildung statt.

(2) Den Zeitpunkt legt die zuständige Stelle fest.

HF

§ 15 Inhalt

(1) Die Gesellen- oder Abschlussprüfung findet unter Berücksichtigung des Schwerpunktes nach § 4 Absatz 1 Satz 1 Nummer 3 statt, in dem der Prüfling ausgebildet wird.

(2) Sie erstreckt sich auf

1. die in den Ausbildungsrahmenplänen der Berufe in den Anlagen 1 bis 4 jeweils in den Abschnitten A, B und D genannten Fertigkeiten, Kenntnisse und Fähigkeiten sowie
2. den im Berufsschulunterricht zu vermittelnden Lehrstoff, soweit er den in den Ausbildungsrahmenplänen der Berufe genannten Fertigkeiten, Kenntnissen und Fähigkeiten entspricht.

§ 16 Prüfungsbereiche

Die Gesellen- oder Abschlussprüfung findet in den folgenden Prüfungsbereichen statt:

1. „Herstellen von Baukörpern",
2. „Durchführen von Hochbauarbeiten" und
3. „Wirtschafts- und Sozialkunde".

§ 17 Prüfungsbereich „Herstellen von Baukörpern"

(1) Im Prüfungsbereich „Herstellen von Baukörpern" hat der Prüfling nachzuweisen, dass er in der Lage ist,

1. Arbeitsabläufe zu planen und persönliche Schutzausrüstung auszuwählen,
2. Arbeitsplätze einzurichten und zu räumen,
3. Mengen von Baustoffen und Bauhilfsstoffen zu berechnen sowie Baustoffe und Bauhilfsstoffe einzusetzen,
4. Werkzeuge und Maschinen auszuwählen und einzusetzen,
5. ergonomische, ökologische und ökonomische Gesichtspunkte bei der Durchführung der Arbeiten zu berücksichtigen,
6. Baukörper einzumessen,
7. Baukörper herzustellen oder rückzubauen und
8. sowohl Zwischen- als auch Endergebnisse der durchzuführenden Arbeiten zu kontrollieren, zu bewerten und zu dokumentieren.

(2) Für den Nachweis nach Absatz 1 ist im Schwerpunkt Maurerarbeiten eine der folgenden Tätigkeiten zugrunde zu legen:

1. Herstellen eines Mauerwerkskörpers aus künstlichen Steinen in unterschiedlichen Verbandsarten,
2. Herstellen eines Mauerwerkskörpers aus künstlichen Steinen und Erstellen einer Putzfläche,
3. Herstellen eines Mauerwerkskörpers aus künstlichen Steinen und Einsetzen eines Betonfertigteils,
4. Herstellen eines Mauerwerkskörpers aus künstlichen Steinen und Erstellen einer Schalung mit Bewehrung,

5. Herstellen eines Mauerwerkskörpers aus künstlichen Steinen und Herstellen und Einbauen von Estrich oder
6. Herstellen eines Mauerwerkskörpers aus künstlichen Steinen und Einbauen einer Trockenbaukonstruktion.

[...]

(6) Der Prüfungsausschuss legt entsprechend des Schwerpunktes nach § 4 Absatz 1 Satz 1 Nummer 3, in dem der Prüfling ausgebildet wird, fest, welche Tätigkeit zugrunde gelegt wird.

(7) Der Prüfling hat eine Arbeitsaufgabe durchzuführen und die Durchführung mit praxisüblichen Unterlagen zu dokumentieren.

(8) Die Prüfungszeit für die Arbeitsaufgabe und für die Dokumentation beträgt insgesamt 8 Stunden.

§ 18 Prüfungsbereich „Durchführen von Hochbauarbeiten"

(1) Im Prüfungsbereich „Durchführen von Hochbauarbeiten" hat der Prüfling nachzuweisen, dass er in der Lage ist,

1. Aufträge zu erfassen sowie Arbeitsabläufe unter Beachtung technischer, wirtschaftlicher und organisatorischer Vorgaben zu planen,
2. persönliche Schutzausrüstung zu unterscheiden, auszuwählen und diesbezügliche Vorgaben zu erläutern,
3. das Einrichten oder das Räumen von Arbeitsplätzen unter Beachtung von Gefahrenbereichen auf Baustellen zu erläutern,
4. Baustoffe und Bauhilfsstoffe zu unterscheiden, auszuwählen, deren Mengen zu berechnen sowie die ökologischen Auswirkungen der Baustoffe und Bauhilfsstoffe zu erläutern,
5. Werkzeuge und Maschinen zu unterscheiden und auszuwählen,
6. Messgeräte zu unterscheiden und auszuwählen,
7. Pläne zu lesen und Skizzen zu erstellen,
8. Verfahren zur sortenreinen Trennung und Lagerung von Abfall- und Reststoffen auf der Baustelle zu beschreiben und dabei kreislaufwirtschaftliche Gesichtspunkte zu berücksichtigen sowie
9. Maßnahmen zur Sicherheit und zum Gesundheitsschutz bei der Arbeit, zum Umweltschutz und zur Qualitätssicherung zu beschreiben.

(2) Für den Nachweis nach Absatz 1 sind vier Tätigkeiten aus dem nachfolgend aufgeführten Bereich Hochbauarbeiten und sämtliche Tätigkeiten aus dem Bereich, der dem Schwerpunkt nach § 4 Absatz 1 Satz 1 Nummer 3, in dem der Prüfling ausgebildet wird, entspricht, zugrunde zu legen:

1. Bereich Hochbauarbeiten:
   a) Beschreiben von Verfahren zur Vorbereitung von Untergründen,
   b) Unterscheiden und Auswählen von Mörtelklassen sowie Bindemitteln und Gesteinskörnungen für Mauermörtel,
   c) Unterscheiden von Betonen nach Expositionsklassen und Druckfestigkeitsklassen,
   d) Unterscheiden und Auswählen von Steinformaten und Verbänden,
   e) Unterscheiden von Schalungen für unterschiedliche Bauteile, Unterscheiden und Auswählen von Schalmaterialien sowie Anwenden von Schalplänen,

HF

f) Lesen und Zeichnen von Bewehrungsplänen, Erstellen von Stahllisten, Erläutern von Einbaugrundsätzen,

g) Unterscheiden von Konstruktionen im Holzbau, im Trockenbau, von Putzen oder von Estrichen oder

h) Unterscheiden von Baugruben, Gräben, Verbau, Wasserhaltungen oder Infrastrukturtechnik;

2. Bereich Schwerpunkt Maurerarbeiten:

a) Unterscheiden von Arten und Eigenschaften von Steinen,

b) Erläutern von Mauerwerkskonstruktionen,

c) Anwenden der Maßordnung im Hochbau sowie

d) Unterscheiden und Erläutern von Vorschriften des Brand-, Schall-, Wärme- und Feuchteschutzes;

[...]

Der Prüfungsausschuss legt fest, welche Tätigkeiten aus dem Bereich Hochbauarbeiten nach Satz 1 Nummer 1 zugrunde gelegt werden.

(3) Die Aufgaben müssen praxisbezogen sein. Der Prüfling hat die Aufgaben schriftlich zu bearbeiten.

(4) Die Prüfungszeit beträgt 120 Minuten.

§ 19 Prüfungsbereich „Wirtschafts- und Sozialkunde"

(1) Im Prüfungsbereich „Wirtschafts- und Sozialkunde" hat der Prüfling nachzuweisen, dass er in der Lage ist, allgemeine wirtschaftliche und gesellschaftliche Zusammenhänge der Berufs- und Arbeitswelt darzustellen und zu beurteilen.

(2) Die Aufgaben müssen praxisbezogen sein. Der Prüfling hat die Aufgaben schriftlich zu bearbeiten.

(3) Die Prüfungszeit beträgt 60 Minuten.

§ 20 Gewichtung der Prüfungsbereiche und Anforderungen für das Bestehen der Gesellen- oder Abschlussprüfung

(1) Die Bewertungen der einzelnen Prüfungsbereiche sind wie folgt zu gewichten:

1. „Herstellen von Baukörpern"	mit 60 Prozent,
2. „Durchführen von Hochbauarbeiten"	mit 30 Prozent sowie
3. „Wirtschafts- und Sozialkunde"	mit 10 Prozent.

(2) Die Gesellen- oder Abschlussprüfung ist bestanden, wenn die Prüfungsleistungen – auch unter Berücksichtigung einer mündlichen Ergänzungsprüfung nach § 21 – wie folgt bewertet worden sind:

1. im Gesamtergebnis mit mindestens „ausreichend",
2. in mindestens zwei Prüfungsbereichen mit mindestens „ausreichend" und
3. in keinem Prüfungsbereich mit „ungenügend".

Über das Bestehen ist ein Beschluss nach § 35a Absatz 1 Nummer 3 der Handwerksordnung oder nach § 42 Absatz 1 Nummer 3 des Berufsbildungsgesetzes zu fassen.

§ 21 Mündliche Ergänzungsprüfung

(1) Der Prüfling kann in einem Prüfungsbereich eine mündliche Ergänzungsprüfung beantragen.

(2) Dem Antrag ist stattzugeben,

1. wenn er für einen der folgenden Prüfungsbereiche gestellt worden ist:
   a) „Durchführen von Hochbauarbeiten" oder
   b) „Wirtschafts- und Sozialkunde",
2. wenn der Prüfungsbereich nach Nummer 1 Buchstabe a oder Buchstabe b schlechter als mit „ausreichend" bewertet worden ist und
3. wenn die mündliche Ergänzungsprüfung für das Bestehen der Gesellen- oder Abschlussprüfung den Ausschlag geben kann.

Die mündliche Ergänzungsprüfung darf nur in dem Prüfungsbereich nach Satz 1 Nummer 1 Buchstabe a oder Buchstabe b durchgeführt werden.

(3) Die mündliche Ergänzungsprüfung soll 15 Minuten dauern.

(4) Bei der Ermittlung des Ergebnisses für den Prüfungsbereich sind das bisherige Ergebnis und das Ergebnis der mündlichen Ergänzungsprüfung im Verhältnis 2 : 1 zu gewichten.

Abschnitt 3: Berufsausbildung zum Maurer und zur Maurerin

Unterabschnitt 1: Gesellen- oder Abschlussprüfung

§ 22 Aufteilung in zwei Teile und Zeitpunkt

(1) Die Gesellen- oder Abschlussprüfung besteht aus den Teilen 1 und 2.

(2) Teil 1 soll im vierten Ausbildungshalbjahr stattfinden.

(3) Teil 2 findet am Ende der Berufsausbildung statt.

(4) Wird die Ausbildungsdauer verkürzt, so soll Teil 1 der Gesellen- oder Abschlussprüfung spätestens drei Monate vor dem Zeitpunkt von Teil 2 der Gesellen- oder Abschlussprüfung stattfinden.

(5) Den jeweiligen Zeitpunkt legt die zuständige Stelle fest.

§ 23 Inhalt des Teiles 1

Teil 1 der Gesellen- oder Abschlussprüfung erstreckt sich auf

1. die im Ausbildungsrahmenplan für die Berufsausbildung zum Hochbaufacharbeiter und zur Hochbaufacharbeiterin im Schwerpunkt Maurerarbeiten sowie zum Maurer und zur Maurerin in Anlage 1 Abschnitt A, B und D für die ersten 24 Monate genannten Fertigkeiten, Kenntnisse und Fähigkeiten sowie
2. den im Berufsschulunterricht zu vermittelnden Lehrstoff, soweit er den im Ausbildungsrahmenplan für die Berufsausbildung zum Hochbaufacharbeiter und zur Hochbaufacharbeiterin im Schwerpunkt Maurerarbeiten sowie zum Maurer und zur Maurerin in Anlage 1 Abschnitt A, B und D genannten Fertigkeiten, Kenntnissen und Fähigkeiten entspricht.

M

§ 24 Prüfungsbereich des Teiles 1

(1) Teil 1 der Gesellen- oder Abschlussprüfung findet im Prüfungsbereich „Herstellen von Baukörpern und Durchführen von Hochbauarbeiten" statt.

(2) Im Prüfungsbereich „Herstellen von Baukörpern und Durchführen von Hochbauarbeiten" besteht die Prüfung aus zwei Teilen.

(3) Im ersten Teil hat der Prüfling nachzuweisen, dass er in der Lage ist,

1. Arbeitsabläufe zu planen und persönliche Schutzausrüstung auszuwählen,
2. Arbeitsplätze einzurichten und zu räumen,
3. Mengen von Baustoffen und Bauhilfsstoffen zu berechnen sowie Baustoffe und Bauhilfsstoffe einzusetzen,
4. Werkzeuge und Maschinen auszuwählen und einzusetzen,
5. ergonomische, ökologische und ökonomische Gesichtspunkte bei der Durchführung der Arbeiten zu berücksichtigen,
6. Baukörper einzumessen,
7. Baukörper herzustellen oder rückzubauen sowie
8. sowohl Zwischen- als auch Endergebnisse der durchzuführenden Arbeiten zu kontrollieren, zu bewerten und zu dokumentieren.

Für den Nachweis nach Satz 1 ist eine der folgenden Tätigkeiten zugrunde zu legen:

1. Herstellen eines Mauerwerkskörpers aus künstlichen Steinen in unterschiedlichen Verbandsarten,
2. Herstellen eines Mauerwerkskörpers aus künstlichen Steinen und Erstellen einer Putzfläche,
3. Herstellen eines Mauerwerkskörpers aus künstlichen Steinen und Einsetzen eines Betonfertigteils,
4. Herstellen eines Mauerwerkskörpers aus künstlichen Steinen und Erstellen einer Schalung mit Bewehrung,
5. Herstellen eines Mauerwerkskörpers aus künstlichen Steinen und Herstellen und Einbauen von Estrich oder
6. Herstellen eines Mauerwerkskörpers aus künstlichen Steinen und Einbauen einer Trockenbaukonstruktion.

Der Prüfungsausschuss legt fest, welche Tätigkeit zugrunde gelegt wird. Der Prüfling hat eine Arbeitsaufgabe durchzuführen und die Durchführung mit praxisüblichen Unterlagen zu dokumentieren. Die Prüfungszeit für die Arbeitsaufgabe und für die Dokumentation beträgt insgesamt 8 Stunden.

(4) Im zweiten Teil hat der Prüfling nachzuweisen, dass er in der Lage ist,

1. Aufträge zu erfassen sowie Arbeitsabläufe unter Beachtung technischer, wirtschaftlicher und organisatorischer Vorgaben zu planen,
2. persönliche Schutzausrüstung zu unterscheiden, auszuwählen und diesbezügliche Vorgaben zu erläutern,
3. das Einrichten oder das Räumen von Arbeitsplätzen unter Beachtung von Gefahrenbereichen auf Baustellen zu erläutern,
4. Baustoffe und Bauhilfsstoffe zu unterscheiden, auszuwählen, deren Mengen zu berechnen sowie die ökologischen Auswirkungen der Baustoffe und Bauhilfsstoffe zu erläutern,
5. Werkzeuge und Maschinen zu unterscheiden und auszuwählen,
6. Messgeräte zu unterscheiden und auszuwählen,

7. Pläne zu lesen und Skizzen zu erstellen,
8. Verfahren zur sortenreinen Trennung und Lagerung von Abfall- und Reststoffen auf der Baustelle zu beschreiben und dabei kreislaufwirtschaftliche Gesichtspunkte zu berücksichtigen sowie
9. Maßnahmen zur Sicherheit und zum Gesundheitsschutz bei der Arbeit, zum Umweltschutz und zur Qualitätssicherung zu beschreiben.

Für den Nachweis nach Satz 1 sind vier Tätigkeiten aus dem nachfolgend aufgeführten Bereich Hochbauarbeiten und sämtliche Tätigkeiten aus dem Bereich Maurerarbeiten zugrunde zu legen:

1. Bereich Hochbauarbeiten:
   a) Beschreiben von Verfahren zur Vorbereitung von Untergründen,
   b) Unterscheiden und Auswählen von Mörtelklassen sowie Bindemitteln und Gesteinskörnungen für Mauermörtel,
   c) Unterscheiden von Betonen nach Expositionsklassen und Druckfestigkeitsklassen,
   d) Unterscheiden und Auswählen von Steinformaten und Verbänden,
   e) Unterscheiden von Schalungen für unterschiedliche Bauteile, Unterscheiden und Auswählen von Schalmaterialien sowie Anwenden von Schalplänen,
   f) Lesen und Zeichnen von Bewehrungsplänen, Erstellen von Stahllisten, Erläutern von Einbaugrundsätzen,
   g) Unterscheiden von Konstruktionen im Holzbau, im Trockenbau, von Putzen oder von Estrichen oder
   h) Unterscheiden von Baugruben, Gräben, Verbau, Wasserhaltungen oder Infrastrukturtechnik;
2. Bereich Maurerarbeiten:
   a) Unterscheiden von Arten und Eigenschaften von Steinen,
   b) Erläutern von Mauerwerkskonstruktionen,
   c) Anwenden der Maßordnung im Hochbau sowie
   d) Unterscheiden und Erläutern von Vorschriften des Brand-, Schall-, Wärme- und Feuchteschutzes.

Der Prüfungsausschuss legt fest, welche Tätigkeiten aus dem Bereich Hochbauarbeiten nach Satz 2 Nummer 1 zugrunde gelegt werden. Die Aufgaben müssen praxisbezogen sein. Der Prüfling hat die Aufgaben schriftlich zu bearbeiten. Die Prüfungszeit beträgt 120 Minuten.

(5) Bei der Ermittlung des Ergebnisses für den Prüfungsbereich sind die Bewertungen wie folgt zu gewichten:

1. die Bewertung für die Arbeitsaufgabe einschließlich der Dokumentation nach Absatz 3 mit 60 Prozent,
2. die Bewertung für die schriftlichen Aufgaben nach Absatz 4 mit 40 Prozent.

§ 25 Inhalt des Teiles 2

(1) Teil 2 der Gesellen- oder Abschlussprüfung erstreckt sich auf

1. die im Ausbildungsrahmenplan für die Berufsausbildung zum Hochbaufacharbeiter und zur Hochbaufacharbeiterin im Schwerpunkt Maurerarbeiten sowie zum Maurer und zur Maurerin in der Anlage 1 genannten Fertigkeiten, Kenntnisse und Fähigkeiten sowie
2. den im Berufsschulunterricht zu vermittelnden Lehrstoff, soweit er den im Ausbildungsrahmenplan für die Berufsausbildung zum Hochbaufacharbeiter und zur Hochbaufacharbeiterin im Schwerpunkt

Maurerarbeiten sowie zum Maurer und zur Maurerin in Anlage 1 genannten Fertigkeiten, Kenntnissen und Fähigkeiten entspricht.

(2) In Teil 2 der Gesellen- oder Abschlussprüfung sollen Fertigkeiten, Kenntnisse und Fähigkeiten, die bereits Gegenstand von Teil 1 der Gesellen- oder Abschlussprüfung waren, nur insoweit einbezogen werden, als es für die Feststellung der beruflichen Handlungsfähigkeit erforderlich ist.

§ 26 Prüfungsbereiche des Teiles 2

Teil 2 der Gesellen- oder Abschlussprüfung findet in den folgenden Prüfungsbereichen statt:

1. „Herstellen von Mauerwerkskörpern",
2. „Durchführen von Mauerwerksarbeiten",
3. „Durchführen von Hochbaumaßnahmen" sowie
4. „Wirtschafts- und Sozialkunde".

§ 27 Prüfungsbereich „Herstellen von Mauerwerkskörpern"

(1) Im Prüfungsbereich „Herstellen von Mauerwerkskörpern" hat der Prüfling nachzuweisen, dass er in der Lage ist,

1. Informationen aus Zeichnungen für die Vorbereitung der eigenen Arbeiten zu erfassen,
2. Höhen-, Längen- und Winkelmessungen durchzuführen,
3. Mauerwerkskörper herzustellen,
4. Aufmaße zu erstellen und
5. Arbeitsergebnisse zu beurteilen und zu dokumentieren.

(2) Für den Nachweis nach Absatz 1 ist eine der folgenden Tätigkeiten zugrunde zu legen:

1. Herstellen eines Mauerwerkskörpers mit Vorlage und Öffnungen,
2. Herstellen eines Mauerwerkskörpers einschließlich einer Überdeckung als Bogen,
3. Herstellen eines Mauerwerkskörpers mit Ausfachungen im Zierverband,
4. Herstellen eines zweischaligen Sichtmauerwerks oder
5. Herstellen einer Schalung einschließlich der Bewehrung für ein Betonfertigteil in Verbindung mit einem Mauerwerkskörper.

Der Prüfungsausschuss legt fest, welche Tätigkeit zugrunde gelegt wird.

(3) Der Prüfling hat eine Arbeitsaufgabe durchzuführen und die Durchführung mit praxisüblichen Unterlagen zu dokumentieren.

(4) Die Prüfungszeit für die Arbeitsaufgabe und für die Dokumentation beträgt insgesamt 8 Stunden.

§ 28 Prüfungsbereich „Durchführen von Mauerwerksarbeiten"

(1) Im Prüfungsbereich „Durchführen von Mauerwerksarbeiten" hat der Prüfling nachzuweisen, dass er in der Lage ist,

1. Verbände für unterschiedliche Mauerwerkskörper auszuwählen,
2. Konstruktionen von bewehrten Mauerwerkskörpern zu erläutern,
3. Bögen zu konstruieren, einzuteilen und zu berechnen,
4. Konstruktionen von Außenmauerwerken zu erläutern,
5. systemgebundene Verfahren und Bauweisen zur Herstellung von Mauerwerken zu beschreiben,
6. Verfahren zum Einbauen von Elementdecken und -wänden zu beschreiben,
7. Abdichtungsverfahren für Beton- und Stahlbetonbauteile, insbesondere gegen drückendes Wasser, zu beschreiben,
8. Vorgaben zu Betondeckungen zu erläutern,
9. Verfahren zur Nachbehandlung von Betonen zu erläutern,
10. Verfahren zur Instandhaltung von Mauerwerken zu unterscheiden und auszuwählen sowie
11. Schäden an Baukörpern zu analysieren und den Ist-Zustand zu dokumentieren sowie Maßnahmen zur Schadensbegrenzung zu erläutern.

(2) Die Aufgaben müssen praxisbezogen sein. Der Prüfling hat die Aufgaben schriftlich zu bearbeiten.

(3) Die Prüfungszeit beträgt 90 Minuten.

§ 29 Prüfungsbereich „Durchführen von Hochbaumaßnahmen"

(1) Im Prüfungsbereich „Durchführen von Hochbaumaßnahmen" hat der Prüfling nachzuweisen, dass er in der Lage ist,

1. Art und Umfang von Aufträgen zu erfassen sowie Arbeitsabläufe entsprechend der technischen Unterlagen zu planen und zu dokumentieren,
2. Gefährdungen auf Baustellen zu unterscheiden und Schutzmaßnahmen auszuwählen,
3. Zeichnungen für die eigene Arbeitsvorbereitung zu erstellen,
4. sowohl organische als auch anorganische Baustoffe sowie Bauhilfsstoffe zu unterscheiden,
5. Energieeffizienzmaßnahmen unter Berücksichtigung von Aspekten der Nachhaltigkeit zu unterscheiden,
6. Brandschutz- und Schallschutzmaßnahmen zu beschreiben,
7. Messverfahren zu unterscheiden und auszuwählen,
8. Prüfverfahren zu unterscheiden und auszuwählen,
9. Aufmaße zu erstellen,
10. Konstruktionen im Holzbau, im Trockenbau, von Putzen oder von Estrichen zu unterscheiden und auszuwählen sowie
11. Konstruktionen zu Baugruben, Gräben, Verbau, Wasserhaltung oder Infrastrukturtechnik zu unterscheiden und auszuwählen.

(2) Die Aufgaben müssen praxisbezogen sein. Der Prüfling hat die Aufgaben schriftlich zu bearbeiten.

(3) Die Prüfungszeit beträgt 90 Minuten.

M

§ 30 Prüfungsbereich „Wirtschafts- und Sozialkunde"

(1) Im Prüfungsbereich „Wirtschafts- und Sozialkunde" hat der Prüfling nachzuweisen, dass er in der Lage ist, allgemeine wirtschaftliche und gesellschaftliche Zusammenhänge der Berufs- und Arbeitswelt darzustellen und zu beurteilen.

(2) Die Aufgaben müssen praxisbezogen sein. Der Prüfling hat die Aufgaben schriftlich zu bearbeiten.

(3) Die Prüfungszeit beträgt 60 Minuten.

§ 31 Gewichtung der Prüfungsbereiche und Anforderungen für das Bestehen der Gesellen- oder Abschlussprüfung

(1) Die Bewertungen der einzelnen Prüfungsbereiche sind wie folgt zu gewichten:

1.	„Herstellen von Baukörpern und Durchführen von Hochbauarbeiten"	mit 40 Prozent,
2.	„Herstellen von Mauerwerkskörpern"	mit 30 Prozent,
3.	„Durchführen von Mauerwerksarbeiten"	mit 10 Prozent,
4.	„Durchführen von Hochbaumaßnahmen"	mit 10 Prozent sowie
5.	„Wirtschafts- und Sozialkunde"	mit 10 Prozent.

(2) Die Gesellen- oder Abschlussprüfung ist bestanden, wenn die Prüfungsleistungen – auch unter Berücksichtigung einer mündlichen Ergänzungsprüfung nach § 32 – wie folgt bewertet worden sind:

1. im Gesamtergebnis von Teil 1 und Teil 2 mit mindestens „ausreichend",
2. im Ergebnis von Teil 2 mit mindestens „ausreichend",
3. im Prüfungsbereich „Herstellen von Mauerwerkskörpern" mit mindestens „ausreichend",
4. in mindestens zwei weiteren Prüfungsbereichen von Teil 2 mit mindestens „ausreichend" und
5. in keinem Prüfungsbereich von Teil 2 mit „ungenügend".

Über das Bestehen ist ein Beschluss nach § 35a Absatz 1 Nummer 3 der Handwerksordnung oder nach § 42 Absatz 1 Nummer 3 des Berufsbildungsgesetzes zu fassen.

§ 32 Mündliche Ergänzungsprüfung

(1) Der Prüfling kann in einem Prüfungsbereich eine mündliche Ergänzungsprüfung beantragen.

(2) Dem Antrag ist stattzugeben,

1. wenn er für einen der folgenden Prüfungsbereiche gestellt worden ist:
   a) „Durchführen von Mauerwerksarbeiten",
   b) „Durchführen von Hochbaumaßnahmen" oder
   c) „Wirtschafts- und Sozialkunde",
2. wenn der Prüfungsbereich nach Nummer 1 Buchstabe a, Buchstabe b oder Buchstabe c schlechter als mit „ausreichend" bewertet worden ist und
3. wenn die mündliche Ergänzungsprüfung für das Bestehen der Gesellen- oder Abschlussprüfung den Ausschlag geben kann.

Die mündliche Ergänzungsprüfung darf nur in dem Prüfungsbereich nach Satz 1 Nummer 1 Buchstabe a, Buchstabe b oder Buchstabe c durchgeführt werden.

(3) Unbeschadet des Absatzes 2 Satz 1 Nummer 3 darf eine mündliche Ergänzungsprüfung in dem Prüfungsbereich nach Absatz 2 Satz 1 Nummer 1 Buchstabe c auch dann durchgeführt werden, wenn sie für den Erwerb des Abschlusses nach § 34 den Ausschlag geben kann.

(4) Die mündliche Ergänzungsprüfung soll 15 Minuten dauern.

(5) Bei der Ermittlung des Ergebnisses für den Prüfungsbereich sind das bisherige Ergebnis und das Ergebnis der mündlichen Ergänzungsprüfung im Verhältnis 2 : 1 zu gewichten.

Unterabschnitt 2: Weitere Berufsausbildungen

§ 33 Befreiung von Teil 1 der Gesellen- oder Abschlussprüfung und Anrechnung von Ausbildungszeiten

Bei erfolgreich abgeschlossener Berufsausbildung zum Hochbaufacharbeiter und zur Hochbaufacharbeiterin nach § 20 Absatz 2 ist

1. der oder die Auszubildende von Teil 1 der Gesellen- oder Abschlussprüfung zum Maurer und zur Maurerin befreit und
2. diese Ausbildung im Umfang von 24 Monaten auf die Dauer der Berufsausbildung zum Maurer und zur Maurerin anzurechnen, wenn die Vertragsparteien dies vereinbaren.

§ 34 Erwerb des Abschlusses zum Hochbaufacharbeiter und zur Hochbaufacharbeiterin nach nichtbestandener Gesellen- oder Abschlussprüfung zum Maurer und zur Maurerin

Besteht der Prüfling die Prüfung im Falle der Berufsausbildung zum Maurer und zur Maurerin nach § 31 Absatz 2 nicht, erwirbt er auf seinen Antrag den Abschluss zum Hochbaufacharbeiter und zur Hochbaufacharbeiterin nach Abschnitt 2, wenn

1. er in Teil 1 der Gesellen- oder Abschlussprüfung mindestens ausreichende Prüfungsleistungen erbracht hat und
2. die Ergebnisse der in Nummer 1 bezeichneten Prüfung sowie das Ergebnis im Prüfungsbereich „Wirtschafts- und Sozialkunde" nach § 31 – auch unter Berücksichtigung einer mündlichen Ergänzungsprüfung nach § 32 – jeweils die Anforderungen nach § 20 Absatz 2 erfüllen.

[...]

HB

Abschnitt 7: Schlussvorschriften

§ 74 Übergangsregelung für Hochbaufacharbeiter und Hochbaufacharbeiterinnen

Bei erfolgreich abgelegter Gesellen- oder Abschlussprüfung zum Hochbaufacharbeiter oder zur Hochbaufacharbeiterin nach der Verordnung über die Berufsausbildung in der Bauwirtschaft vom 2. Juli 1999 (BGBl. I S. 1102), die zuletzt durch Artikel 1 der Verordnung vom 20. Februar 2009 (BGBl. I S. 399) geändert worden ist, sind bis zum Ablauf des 31. Juli 2030 bei Fortsetzung der Berufsausbildung

1. zum Maurer oder zur Maurerin

[...]

nach § 10 Absatz 8 der Verordnung über die Berufsausbildung in der Bauwirtschaft deren Regelungen anzuwenden.

Artikel 4

Inkrafttreten, Außerkrafttreten

Diese Verordnung tritt am 1. August 2026 in Kraft. Gleichzeitig tritt die Verordnung über die Berufsausbildung in der Bauwirtschaft vom 2. Juni 1999 (BGBl. I S. 1102), die zuletzt durch Artikel 1 der Verordnung vom 20. Februar 2009 (BGBl. I S. 399) geändert worden ist außer Kraft.

2.2 Übersicht über die zeitlichen Richtwerte

▶ 1. Ausbildungsjahr

Abschnitt A:

- **schwerpunktübergreifende Fertigkeiten, Kenntnisse und Fähigkeiten (§ 4 Absatz 2),**
- **Fertigkeiten, Kenntnisse und Fähigkeiten im Schwerpunkt Maurerarbeiten im Ausbildungsberufsbild Hochbaufacharbeiter und Hochbaufacharbeiterin (§ 4 Absatz 4 Nummer 1) sowie**
- **Fertigkeiten, Kenntnisse und Fähigkeiten im Ausbildungsberufsbild Maurer und Maurerin (§ 5 Absatz 2)**

Lfd. Nr.	Teil des Ausbildungsberufsbildes (Berufsbildpositionen)	ÜBA*	Zeitliche Richtwerte in Wochen im 1. bis 12. Monat
1	Übernehmen von Arbeitsaufträgen und kundenorientierte Kommunikation		2
2	Planen, Vorbereiten und Organisieren von Arbeitsaufgaben		
3	Einrichten, Sichern, Unterhalten und Räumen von Baustellen		2
4	Bedienen und Instandhalten von Werkzeugen, Maschinen und Anlagen	X	
5	Prüfen, Lagern und Auswählen von Baustoffen und Bauhilfsstoffen		
6	Lesen und Anwenden von Plänen und Zeichnungen, Anfertigen von Skizzen, auch digital		2
7	Durchführen von Messungen mittels sowohl analoger als auch digitaler Messgeräte	X	
8	Bearbeiten von Holz und Holzwerkstoffen sowie Herstellen von Holzbauteilen	X	30
9	Herstellen von Bauteilen aus Beton und Stahlbeton	X	
10	Herstellen von Baukörpern aus Steinen	X	
11	Durchführen von Energieeffizienzmaßnahmen sowie Maßnahmen zum Schall- und Brandschutz in und an Bauwerken und Bauteilen	X	6
12	Herstellen von Putzen	X	
13	Herstellen von Estrichen	X	
14	Ansetzen und Verlegen von Fliesen und Platten	X	
15	Herstellen von Bauteilen im Trockenbau	X	
16	Herstellen von Baugruben und Gräben sowie Durchführen von Verbauarbeiten und Wasserhaltungen	X	6
17	Herstellen von Verkehrswegen	X	
18	Herstellen von Infrastrukturleitungen und Bohrungen	X	
19	Umbauen und Rückbauen von Baukörpern		2
20	Durchführen von qualitätssichernden Maßnahmen und Übergeben der Leistungen		2
		Wochen insgesamt:	**52**

* ÜBA = Berufsbildposition wird im Rahmen der überbetrieblichen Ausbildung ergänzt und vertieft. Im ersten Ausbildungsjahr beträgt die überbetriebliche Ausbildung mindestens 13 Wochen und kann bis zu maximal 16 Wochen ergänzt werden.

HB

2. Ausbildungsjahr

Abschnitt B:

- **schwerpunktübergreifende Fertigkeiten, Kenntnisse und Fähigkeiten (§ 4 Absatz 2),**
- **Fertigkeiten, Kenntnisse und Fähigkeiten im Schwerpunkt Maurerarbeiten im Ausbildungsberufsbild Hochbaufacharbeiter und Hochbaufacharbeiterin (§ 4 Absatz 4 Nummer 1) sowie**
- **Fertigkeiten, Kenntnisse und Fähigkeiten im Ausbildungsberufsbild Maurer und Maurerin (§ 5 Absatz 2)**

Lfd. Nr.	Teil des Ausbildungsberufsbildes (Berufsbildpositionen)	ÜBA*	Zeitliche Richtwerte in Wochen im 13. bis 24. Monat
1	Übernehmen von Arbeitsaufträgen und kundenorientierte Kommunikation		2
2	Planen, Vorbereiten und Organisieren von Arbeitsaufgaben		
3	Einrichten, Sichern, Unterhalten und Räumen von Baustellen		2
4	Bedienen und Instandhalten von Werkzeugen, Maschinen und Anlagen	X	
5	Prüfen, Lagern und Auswählen von Baustoffen und Bauhilfsstoffen		
6	Lesen und Anwenden von Plänen und Zeichnungen, Anfertigen von Skizzen, auch digital		2
7	Durchführen von Messungen mittels sowohl analoger als auch digitaler Messgeräte	X	
8	Herstellen von Bauteilen aus Beton und Stahlbeton	X	10
9	Herstellen von Baukörpern aus Steinen	X	22
10	Durchführen von Energieeffizienzmaßnahmen sowie Maßnahmen zum Schall- und Brandschutz in und an Bauwerken und Bauteilen	X	8
11	Herstellen von Putzen	X	
12	Herstellen von Estrichen	X	
13	Herstellen von Bauteilen im Trockenbau	X	
14	Umbauen und Rückbauen von Baukörpern		4
15	Durchführen von qualitätssichernden Maßnahmen und Übergeben der Leistungen		2
		Wochen insgesamt:	**52**

* ÜBA = Berufsbildposition wird im Rahmen der überbetrieblichen Ausbildung ergänzt und vertieft. Im zweiten Ausbildungsjahr beträgt die überbetriebliche Ausbildung mindestens elf Wochen und kann bis zu maximal 13 Wochen ergänzt werden.

M

▶ 3. Ausbildungsjahr

Abschnitt C: Fertigkeiten, Kenntnisse und Fähigkeiten im Ausbildungsberuf Maurer und Maurerin (§ 5 Absatz 2)			
Lfd. Nr.	**Teil des Ausbildungsberufsbildes (Berufsbildpositionen)**	**ÜBA***	**Zeitliche Richtwerte in Wochen im 25. bis 36. Monat**
1	Übernehmen von Arbeitsaufträgen und kundenorientierte Kommunikation		4
2	Planen, Vorbereiten und Organisieren von Arbeitsaufgaben		
3	Einrichten, Sichern, Unterhalten und Räumen von Baustellen		
4	Bedienen und Instandhalten von Werkzeugen, Maschinen und Anlagen		
5	Durchführen von Messungen mittels sowohl analoger als auch digitaler Messgeräte	X	2
6	Herstellen von Bauteilen aus Beton und Stahlbeton	X	10
7	Herstellen von Baukörpern aus Steinen	X	25
8	Durchführen von Energieeffizienzmaßnahmen sowie Maßnahmen zum Schall- und Brandschutz in und an Bauwerken und Bauteilen		2
9	Herstellen von Putzen		2
10	Instandhalten und Sichern von Baukörpern		5
11	Durchführen von qualitätssichernden Maßnahmen und Übergeben der Leistungen		2
		Wochen insgesamt:	**52**

* ÜBA = Berufsbildposition wird im Rahmen der überbetrieblichen Ausbildung ergänzt und vertieft. Im dritten Ausbildungsjahr beträgt die überbetriebliche Ausbildung mindestens sechs Wochen und kann bis zu maximal zehn Wochen ergänzt werden.

▶ während der gesamten Ausbildungszeit

HB

Abschnitt D: integrativ zu vermittelnde Fertigkeiten, Kenntnisse und Fähigkeiten (§ 4 Absatz 3 und § 5 Absatz 3)		
Lfd. Nr.	**Teil des Ausbildungsberufsbildes (Berufsbildpositionen)**	**Zeitliche Zuordnung**
1	Organisation des Ausbildungsbetriebes, Berufsbildung sowie Arbeits- und Tarifrecht	**während der gesamten Ausbildung**
2	Sicherheit und Gesundheit bei der Arbeit	
3	Umweltschutz und Nachhaltigkeit	
4	digitalisierte Arbeitswelt	

HB

2.3 Berufsbildpositionen im zeitlichen Verlauf

Einige Berufsbildpositionen aus dem ersten Ausbildungsjahr werden im zweiten und teilweise im dritten Ausbildungsjahr fortgeführt. Entsprechend wird auch die Buchstabierung der Lernziele im Ausbildungsrahmenplan fortgeführt.

<table>
<tr><th colspan="2">Hochbaufacharbeiter/-in (Schwerpunkt Maurerarbeiten)</th><th></th></tr>
<tr><th colspan="3">Maurer/-in</th></tr>
<tr><th>1. Ausbildungsjahr</th><th>2. Ausbildungsjahr</th><th>3. Ausbildungsjahr</th></tr>
<tr><td colspan="3">Übernehmen von Arbeitsaufträgen und kundenorientierte Kommunikation</td></tr>
<tr><td colspan="3">Planen, Vorbereiten und Organisieren von Arbeitsaufgaben</td></tr>
<tr><td colspan="3">Einrichten, Sichern, Unterhalten und Räumen von Baustellen</td></tr>
<tr><td colspan="3">Bedienen und Instandhalten von Werkzeugen, Maschinen und Anlagen</td></tr>
<tr><td colspan="2">Prüfen, Lagern und Auswählen von Baustoffen und Bauhilfsstoffen</td><td></td></tr>
<tr><td colspan="2">Lesen und Anwenden von Plänen und Zeichnungen,
Anfertigen von Skizzen, auch digital</td><td></td></tr>
<tr><td colspan="3">Durchführen von Messungen mittels sowohl analoger als auch digitaler Messgeräte</td></tr>
<tr><td>Bearbeiten von Holz und Holzwerkstoffen sowie Herstellen von Holzbauteilen</td><td colspan="2"></td></tr>
<tr><td colspan="3">Herstellen von Bauteilen aus Beton und Stahlbeton</td></tr>
<tr><td colspan="3">Herstellen von Baukörpern aus Steinen</td></tr>
<tr><td colspan="3">Durchführen von Energieeffizienzmaßnahmen sowie Maßnahmen zum Schall- und Brandschutz in und an Bauwerken und Bauteilen</td></tr>
<tr><td colspan="3">Herstellen von Putzen</td></tr>
<tr><td colspan="2">Herstellen von Estrichen</td><td></td></tr>
<tr><td>Ansetzen und Verlegen von Fliesen und Platten</td><td colspan="2"></td></tr>
<tr><td colspan="2">Herstellen von Bauteilen im Trockenbau</td><td></td></tr>
<tr><td>Herstellen von Baugruben und Gräben sowie Durchführen von Verbauarbeiten und Wasserhaltungen</td><td colspan="2"></td></tr>
<tr><td>Herstellen von Verkehrswegen</td><td colspan="2"></td></tr>
<tr><td>Herstellen von Infrastrukturleitungen und Bohrungen</td><td colspan="2"></td></tr>
<tr><td colspan="2">Umbauen und Rückbauen von Baukörpern</td><td></td></tr>
<tr><td colspan="2"></td><td>Instandhalten und Sichern von Baukörpern</td></tr>
<tr><td colspan="3">Durchführen von qualitätssichernden Maßnahmen und Übergeben der Leistungen</td></tr>
<tr><td colspan="3">Die Standardberufsbildpositionen werden ergänzend über alle drei Jahre vermittelt.</td></tr>
</table>

2.4 Ausbildungsrahmenplan

Im Folgenden ist für den Beruf Hochbaufacharbeiter/-in im Schwerpunkt Maurerarbeiten (1. und 2. Ausbildungsjahr) sowie für den Beruf Maurer/-in (1. bis 3. Ausbildungsjahr) Anlage 1 der Hochbauberufeausbildungsverordnung – HochbauBAusbV abgebildet (Ausbildungsrahmenplan).

▶ Abschnitt A: 1. Ausbildungsjahr

- schwerpunktübergreifende Fertigkeiten, Kenntnisse und Fähigkeiten (§ 4 Absatz 2),
- Fertigkeiten, Kenntnisse und Fähigkeiten im Schwerpunkt Maurerarbeiten im Ausbildungsberufsbild Hochbaufacharbeiter und Hochbaufacharbeiterin (§ 4 Absatz 4 Nummer 1) sowie
- Fertigkeiten, Kenntnisse und Fähigkeiten im Ausbildungsberufsbild Maurer und Maurerin (§ 5 Absatz 2)

* in Wochen, im 1. bis 12. Monat

Teil des Ausbildungsberufsbildes/ Zu vermittelnde Fertigkeiten, Kenntnisse und Fähigkeiten	Zeitliche Richtwerte*
1 Übernehmen von Arbeitsaufträgen und kundenorientierte Kommunikation (§ 4 Absatz 2 Satz 1 Nummer 1 sowie § 5 Absatz 2 Satz 1 Nummer 1)	
a) Informationen zu Aufträgen aufnehmen, wiedergeben und auswerten	
b) Gespräche situations- und adressatengerecht führen	
c) durch eigenes Verhalten zur Kundenzufriedenheit und zum Betriebserfolg beitragen	
2 Planen, Vorbereiten und Organisieren von Arbeitsaufgaben (§ 4 Absatz 2 Satz 1 Nummer 2 sowie § 5 Absatz 2 Satz 1 Nummer 2)	**2**
a) Arbeitsschritte, Sicherungsmaßnahmen und Einsatz von Arbeitsmitteln planen	
b) Betriebsanweisungen und technische Unterlagen, insbesondere Materiallisten, Betriebsanleitungen, Herstellerangaben, Normen, Sicherheitsregeln und Arbeitsanweisungen, anwenden	
c) Witterungs- und Klimabedingungen bei der Planung von Arbeiten berücksichtigen	
d) Arbeitsaufgaben im Team bearbeiten	
e) Arbeitsaufgaben mit Hilfe von Informations- und Kommunikationssystemen lösen sowie analoge und digitale Informationen zu Bauteilen und zum Bauprozess berücksichtigen	
3 Einrichten, Sichern, Unterhalten und Räumen von Baustellen (§ 4 Absatz 2 Satz 1 Nummer 3 sowie § 5 Absatz 2 Satz 1 Nummer 3)	**2**
a) Arbeitsplatz einrichten und unterhalten	
b) ergonomische Gesichtspunkte bei der Einrichtung der Baustelle berücksichtigen	
c) Verkehrs-, Transportwege und Lagerflächen auf ihre Eignung zur Nutzung beurteilen	
d) Belüftung von Arbeitsräumen sicherstellen und Maßnahmen zur Vermeidung von Gefährdungen ergreifen	
e) Materialien und Maschinen vor Witterungseinflüssen und Beschädigungen schützen sowie vor Diebstahl und unbefugtem Zugang sichern und für den Transport vorbereiten	
f) vorangegangene Leistungen, auch anderer Gewerke, auf Sicht prüfen, Ergebnisse der Prüfung weiterleiten	

HB

* in Wochen, im 1. bis 12. Monat

Teil des Ausbildungsberufsbildes/ Zu vermittelnde Fertigkeiten, Kenntnisse und Fähigkeiten		Zeitliche Richtwerte*
g)	Gefahrenbereiche auf Baustellen erkennen	
h)	persönliche Schutzausrüstung entsprechend der Gefährdungsbeurteilung auswählen und verwenden sowie Sicherheits- und Gesundheitspläne beachten	
i)	Arbeits- und Schutzgerüste nach Vorgaben aufbauen, unterhalten und abbauen	
j)	die Betriebssicherheit von Arbeits- und Schutzgerüsten vor der Verwendung auf Sicht prüfen	
k)	Lichtquellen für den eigenen Arbeitsplatz einsetzen	
l)	Sicherheitsmaßnahmen beim Umgang mit elektrischem Strom ergreifen	
m)	Gefährdungen durch Freileitungen beachten	
n)	Sofortmaßnahmen zur Versorgung von verletzten Personen bei Arbeitsunfällen ergreifen, Unfallstelle sichern	
o)	Gefahrstoffe in Baustoffen und Bauhilfsstoffen unterscheiden, Schutzmaßnahmen ergreifen, Gefahrstoffe umweltgerecht lagern und Entsorgung veranlassen	
4	**Bedienen und Instandhalten von Werkzeugen, Maschinen und Anlagen (§ 4 Absatz 2 Satz 1 Nummer 4 sowie § 5 Absatz 2 Satz 1 Nummer 4)**	
a)	Werkzeuge und Maschinen auswählen, auf Funktionsfähigkeit prüfen, pflegen und warten	
b)	Werkzeuge und Maschinen unter Verwendung der Schutzeinrichtungen und unter Beachtung des Schutzes vor Emissionen bedienen	
5	**Prüfen, Lagern und Auswählen von Baustoffen und Bauhilfsstoffen (§ 4 Absatz 2 Satz 1 Nummer 5 sowie § 5 Absatz 2 Satz 1 Nummer 5)**	
a)	den Einsatz von Baustoffen und Bauhilfsstoffen auf deren ökologische Auswirkungen reflektieren	
b)	Baustoffe und Bauhilfsstoffe, Fertigteile sowie Ein- und Anbauteile auf Verwendbarkeit und auf Fehler sichtprüfen	
c)	Baustoffe und Bauhilfsstoffe, Fertigteile sowie Ein- und Anbauteile anfordern, auf der Baustelle transportieren, bereitstellen und lagern	
d)	Arbeitsanweisungen beim Umgang mit Baustoffen und Bauhilfsstoffen, Fertigteilen sowie Ein- und Anbauteilen, insbesondere bei Gefahrstoffen, anwenden	
6	**Lesen und Anwenden von Plänen und Zeichnungen, Anfertigen von Skizzen, auch digital (§ 4 Absatz 2 Satz 1 Nummer 6 sowie § 5 Absatz 2 Satz 1 Nummer 6)**	
a)	Pläne und Zeichnungen lesen und anwenden	
b)	Skizzen anfertigen und anwenden	
c)	Mengen anhand von Plänen und Zeichnungen ermitteln	
7	**Durchführen von Messungen mittels sowohl analoger als auch digitaler Messgeräte (§ 4 Absatz 2 Satz 1 Nummer 7 sowie § 5 Absatz 2 Satz 1 Nummer 7)**	2
a)	Messgeräte auswählen und Funktionsfähigkeit sicherstellen	
b)	Längen, Höhen und Winkel anlegen, messen, sichern, prüfen und übertragen	
c)	Geraden ausfluchten	

* in Wochen, im 1. bis 12. Monat

Teil des Ausbildungsberufsbildes/ Zu vermittelnde Fertigkeiten, Kenntnisse und Fähigkeiten	Zeitliche Richt-werte*
d) Messpunkte anlegen und sichern	
e) Bauteile und Flächen einmessen	
8 Bearbeiten von Holz und Holzwerkstoffen sowie Herstellen von Holzbauteilen (§ 4 Absatz 2 Satz 1 Nummer 8 sowie § 5 Absatz 2 Satz 1 Nummer 8)	
a) Holz und Holzwerkstoffe nach Material und Verwendungszweck unterscheiden und auswählen	
b) Untergründe auf Ebenheit, Trockenheit und Festigkeit prüfen, säubern und Mängel dokumentieren und anzeigen	
c) Holz mit werkstoffspezifischen Werkzeugen bearbeiten	
d) Verbindungen insbesondere durch Nageln und Schrauben herstellen	
e) Holzbauteile, insbesondere unter Berücksichtigung des konstruktiven Holzschutzes, montieren	
f) Holz, Holzwerkstoffe und Holzbauteile witterungsgeschützt lagern	
9 Herstellen von Bauteilen aus Beton und Stahlbeton (§ 4 Absatz 2 Satz 1 Nummer 9, § 4 Absatz 4 Nummer 1 Buchstabe a sowie § 5 Absatz 2 Satz 1 Nummer 9)	
a) Schalungen für rechteckige Bauteile herstellen, mit Trennmitteln behandeln und betonierfähig aufbauen	
b) Systemschalungen betonierfähig aufbauen	
c) Bewehrungsstahl zuschneiden, biegen, binden und einbauen	**30**
d) Beton nach Anforderung herstellen und die Verarbeitbarkeit auf Sicht prüfen	
e) Beton von Hand einbringen, verdichten, abziehen und nachbehandeln	
f) Schalungen rückbauen, reinigen und lagern	
10 Herstellen von Baukörpern aus Steinen (§ 4 Absatz 2 Satz 1 Nummer 10, § 4 Absatz 4 Nummer 1 Buchstabe b sowie § 5 Absatz 2 Satz 1 Nummer 10)	
a) Mörtel nach Anforderungen herstellen und auf Verarbeitbarkeit prüfen	
b) Steine nach Materialien, Eigenschaften und Verwendungszweck unterscheiden und auswählen	
c) Untergründe auf Ebenheit, Trockenheit und Festigkeit prüfen, säubern und Mängel dokumentieren und anzeigen	
d) Mauerwerk aus künstlichen Steinen in unterschiedlichen Formaten und Verbandsarten, insbesondere im Läufer- und Blockverband, herstellen	
e) Öffnungen im Mauerwerk mit Fertigteilstürzen überdecken	
f) Baukörper aus Steinen vor Witterung schützen	
g) Baukörper aus Steinen vor Feuchtigkeit schützen, insbesondere horizontale Abdichtungen erstellen	

HB

* in Wochen, im 1. bis 12. Monat

Teil des Ausbildungsberufsbildes/ Zu vermittelnde Fertigkeiten, Kenntnisse und Fähigkeiten		Zeitliche Richt-werte*
11	**Durchführen von Energieeffizienzmaßnahmen sowie Maßnahmen zum Schall- und Brandschutz in und an Bauwerken und Bauteilen (§ 4 Absatz 2 Satz 1 Nummer 11 sowie § 5 Absatz 2 Satz 1 Nummer 11)**	6
a)	Dämmstoffe nach Materialien und Verwendungszweck, insbesondere für Boden-, Wand-, Decken- und Dachkonstruktionen, unterscheiden, lagern und vorbereiten	
b)	Voraussetzungen zum Einbauen von Dämmstoffen prüfen, Untergründe vorbereiten	
c)	Dämmstoffe zuschneiden und einbauen	
12	**Herstellen von Putzen (§ 4 Absatz 2 Satz 1 Nummer 12 sowie § 5 Absatz 2 Satz 1 Nummer 12)**	
a)	Putzsysteme und Putzarten unterscheiden	
b)	Untergrund auf Haft- und Tragfähigkeit sowie Maßhaltigkeit prüfen	
c)	Untergrund zur Verbesserung der Haft- und Tragfähigkeit nach Vorgaben vorbereiten	
d)	Putzprofile, insbesondere Eckprofile, ansetzen und Einbauteile einbauen	
e)	Putzmörtel auswählen, herstellen und auftragen	
f)	Wand-, Decken- und Bodenanschlüsse herstellen	
g)	einlagige Putzflächen herstellen	
13	**Herstellen von Estrichen (§ 4 Absatz 2 Satz 1 Nummer 13 sowie § 5 Absatz 2 Satz 1 Nummer 13)**	
a)	Estrichkonstruktionen und Estricharten unterscheiden	
b)	Untergrund prüfen, säubern und ausgleichen	
c)	Untergrund zur Verbesserung der Haft-, Saug- und Tragfähigkeit vorbehandeln	
d)	Trenn- und Dämmschichten einbauen	
e)	Aussparungen herstellen und einbauen	
f)	Höhenlehren ausrichten	
g)	Fugen anlegen	
h)	Estrichmörtel herstellen	
i)	Estrichmörtel einbringen, verdichten, abziehen und glätten und Abbindeprozess sicherstellen	
14	**Ansetzen und Verlegen von Fliesen und Platten (§ 4 Absatz 2 Satz 1 Nummer 14 sowie § 5 Absatz 2 Satz 1 Nummer 14)**	
a)	Untergrund prüfen, säubern und ausgleichen	
b)	Untergrund zur Verbesserung der Haft- und Tragfähigkeit vorbehandeln	
c)	Kleber und Mörtel verarbeiten	

HB

* in Wochen, im 1. bis 12. Monat

Teil des Ausbildungsberufsbildes/ Zu vermittelnde Fertigkeiten, Kenntnisse und Fähigkeiten	Zeitliche Richt-werte*
d) Fliesen schneiden und im Dünnbettverfahren ansetzen, verlegen und verfugen	
e) Ausschnitte und Löcher in Fliesen herstellen	
f) Wand-, Decken- und Bodenanschlüsse herstellen	
15 Herstellen von Bauteilen im Trockenbau (§ 4 Absatz 2 Satz 1 Nummer 15 sowie § 5 Absatz 2 Satz 1 Nummer 15)	
a) Trockenbaukonstruktionen unterscheiden	
b) Untergründe prüfen und vorbehandeln	
c) Wand-Trockenputz ansetzen	
d) Befestigungsmittel einsetzen	
e) Unterkonstruktionen für Einfachständerwände herstellen	
f) Beplankungen, insbesondere mit Trockenbauplatten, herstellen und Fugen verspachteln	
16 Herstellen von Baugruben und Gräben sowie Durchführen von Verbauarbeiten und Wasserhaltungen (§ 4 Absatz 2 Satz 1 Nummer 16 sowie § 5 Absatz 2 Satz 1 Nummer 16)	6
a) Bodenarten unterscheiden	
b) Verfahren und Methoden der Baugrunderkundung unterscheiden	
c) Oberboden abtragen, transportieren und lagern	
d) Baugruben und Gräben, insbesondere unter Beachtung der Arbeitssicherheit, der Arbeitsraumbreite und des Böschungswinkels, herstellen	
e) Baugruben und Gräben durch Verbau sichern	
f) offene und geschlossene Wasserhaltungen unterscheiden und offene Wasserhaltung durchführen	
g) Planum herstellen, Baugruben- und Grabensohlen verdichten	
h) Baugruben und Gräben lagenweise verfüllen und verdichten und im Zuge der Verfüllung den Verbau schrittweise rückbauen	
i) Regeln zum Umgang mit Grundwasser und belastetem Aushub beachten	
17 Herstellen von Verkehrswegen (§ 4 Absatz 2 Satz 1 Nummer 17 sowie § 5 Absatz 2 Satz 1 Nummer 17)	
a) Planum durch Verdichten unter Beachtung des Gefälles, der Höhenlage und Ebenflächigkeit herstellen	
b) ungebundene Tragschichten herstellen	
c) Einfassungen in Geraden herstellen	
d) Oberflächen aus künstlichen Steinen herstellen	

HB

* in Wochen, im 1. bis 12. Monat

Teil des Ausbildungsberufsbildes/ Zu vermittelnde Fertigkeiten, Kenntnisse und Fähigkeiten	Zeitliche Richtwerte*
18 Herstellen von Infrastrukturleitungen und Bohrungen (§ 4 Absatz 2 Satz 1 Nummer 18 sowie § 5 Absatz 2 Satz 1 Nummer 18)	
a) Leitungen, insbesondere Bestandsleitungen, nach Material, Verwendungszweck und Medien unterscheiden	
b) Leitungsdurchführungen in Fundamenten, Decken und Wänden herstellen und abdichten	
c) Rohre und Profile bearbeiten	
d) Rohre und Formstücke verlegen	
e) Kontrollschächte herstellen und mit Leitungen verbinden	
f) Dränung einbauen	
19 Umbauen und Rückbauen von Baukörpern (§ 4 Absatz 2 Satz 1 Nummer 19 sowie § 5 Absatz 2 Satz 1 Nummer 19)	2
a) Baupläne beachten und mit örtlichen Gegebenheiten abgleichen	
b) tragende und nichttragende Bauteile unterscheiden	
c) nichttragende Bauteile manuell nach Vorgabe rückbauen	
d) Öffnungen in Baukörpern mit handgeführten Werkzeugen herstellen sowie Öffnungen sichern	
e) Gefährdungspotentiale, insbesondere durch Asbest und Stäube, erkennen und Maßnahmen veranlassen	
20 Durchführen von qualitätssichernden Maßnahmen und Übergeben der Leistungen (§ 4 Absatz 2 Satz 1 Nummer 20 sowie § 5 Absatz 2 Satz 1 Nummer 20)	2
a) eigene Arbeiten anhand von Vorgaben prüfen	
b) Zwischenergebnisse dokumentieren	
c) Zusammenhänge zwischen Qualität, Kundenzufriedenheit und Betriebserfolg berücksichtigen	

HB

▶ Abschnitt B: 2. Ausbildungsjahr

- schwerpunktübergreifende Fertigkeiten, Kenntnisse und Fähigkeiten (§ 4 Absatz 2),
- Fertigkeiten, Kenntnisse und Fähigkeiten im Schwerpunkt Maurerarbeiten im Ausbildungsberufsbild Hochbaufacharbeiter und Hochbaufacharbeiterin (§ 4 Absatz 4 Nummer 1) sowie
- Fertigkeiten, Kenntnisse und Fähigkeiten im Ausbildungsberufsbild Maurer und Maurerin (§ 5 Absatz 2)

* in Wochen, im 13. bis 24. Monat

	Teil des Ausbildungsberufsbildes/ Zu vermittelnde Fertigkeiten, Kenntnisse und Fähigkeiten	Zeitliche Richt-werte*
1	**Übernehmen von Arbeitsaufträgen und kundenorientierte Kommunikation (§ 4 Absatz 2 Satz 1 Nummer 1 sowie § 5 Absatz 2 Satz 1 Nummer 1)**	2
d)	Arbeitsaufträge hinsichtlich der Kundenanforderungen und betrieblichen Vorgaben auf Umsetzbarkeit prüfen und mit betrieblich beteiligten Personen abstimmen	
e)	technische Regelwerke, Bauvorschriften und allgemeine technische Vertragsbedingungen für Bauleistungen berücksichtigen	
f)	Wünsche und Einwände von Kunden und Kundinnen oder betrieblich Beteiligten entgegennehmen und weiterleiten	
2	**Planen, Vorbereiten und Organisieren von Arbeitsaufgaben (§ 4 Absatz 2 Satz 1 Nummer 2 sowie § 5 Absatz 2 Satz 1 Nummer 2)**	
f)	Arbeitsabläufe unter Berücksichtigung ergonomischer, ökologischer und ökonomischer Gesichtspunkte festlegen und vorbereiten	
g)	digitale Endgeräte für die Planung und Durchführung der eigenen Arbeitsschritte nutzen	
h)	Leistungen anderer Gewerke bei der Planung einbeziehen und Vorleistungen berücksichtigen	
i)	Aufgaben im Team planen, mit weiteren Beteiligten abstimmen und umsetzen, Ergebnisse der Zusammenarbeit auswerten	
j)	Zeitaufwand und personelle Unterstützung abschätzen	
k)	ressourcenschonende Verwendung von Baustoffen planen und ausführen	
l)	Fachbegriffe, auch fremdsprachliche, auftragsbezogen anwenden	
m)	Informationen, insbesondere technische Merkblätter und Gebrauchsanleitungen, auswählen und nutzen	
3	**Einrichten, Sichern, Unterhalten und Räumen von Baustellen (§ 4 Absatz 2 Satz 1 Nummer 3 sowie § 5 Absatz 2 Satz 1 Nummer 3)**	2
p)	bei der Bereitstellung von Ver- und Entsorgungseinrichtungen sowie von Unterkünften und sanitären Anlagen mitwirken	
q)	Leistungen vorangegangener Gewerke als Bedingung für die Ausführung der eigenen Tätigkeiten prüfen und für die Durchführung der eigenen Arbeiten berücksichtigen, Mängel dokumentieren und die Dokumentation weiterleiten	
r)	ergonomische Arbeitsmittel und -hilfen verwenden sowie ergonomische Arbeitsweisen anwenden	
s)	Maßnahmen zum Schutz von Personen auf Baustellen ergreifen	
t)	Baustellensicherungsmaßnahmen durchführen	

HB

* in Wochen, im 13. bis 24. Monat

Teil des Ausbildungsberufsbildes/ Zu vermittelnde Fertigkeiten, Kenntnisse und Fähigkeiten		Zeitliche Richt-werte*
u)	Lage von Ver- und Entsorgungsleitungen feststellen und Ver- und Entsorgungsleitungen vor Beschädigung schützen	
v)	Betriebssicherheit von Arbeitshilfen, insbesondere von Gerüsten und Leitern, prüfen und Mängel dokumentieren und Dokumentation weiterleiten	
w)	Lastaufnahme- und Anschlagmittel unterscheiden, auswählen, überprüfen und einsetzen	
x)	Abfallstoffe, insbesondere Wertstoffe, und Reststoffe auf der Baustelle sortenrein trennen, lagern und den Abtransport vorbereiten, dabei kreislaufwirtschaftliche Gesichtspunkte berücksichtigen	
y)	Baustoffe auf Wiederverwendbarkeit prüfen	
z)	Verbrauchsgüter auffangen und umweltgerechte Entsorgung veranlassen	
aa)	Baustoffe, Werkzeuge und Maschinen für den Abtransport vorbereiten	
bb)	Ver- und Entsorgungseinrichtungen, Unterkünfte und sanitäre Anlagen für den Abtransport vorbereiten	
cc)	geräumte Arbeitsplätze übergeben	
4	**Bedienen und Instandhalten von Werkzeugen, Maschinen und Anlagen (§ 4 Absatz 2 Satz 1 Nummer 4 sowie § 5 Absatz 2 Satz 1 Nummer 4)**	
c)	Maschinen auswählen, einrichten, bedienen, pflegen und warten	
d)	In- und Außerbetriebnahme von Maschinen und Anlagen durchführen	
e)	Störungen an Maschinen und Anlagen erkennen, Störungsbeseitigung veranlassen	
f)	technische Hilfsmittel zur Klimatisierung und Staubminimierung auswählen, auf Funktionsfähigkeit prüfen, einrichten und bedienen	
5	**Prüfen, Lagern und Auswählen von Baustoffen und Bauhilfsstoffen (§ 4 Absatz 2 Satz 1 Nummer 5 sowie § 5 Absatz 2 Satz 1 Nummer 5)**	
e)	Baustoffe und Bauhilfsstoffe, Fertigteile sowie Ein- und Anbauteile nach Art und Eigenschaften unterscheiden, auswählen und dem Arbeitsauftrag zuordnen	
f)	Umwelt-, Arbeits- und Sozialstandards bei der Auswahl von Baustoffen und Bauhilfsstoffen berücksichtigen	
g)	Bedarf an Baustoffen und Bauhilfsstoffen, Fertigteilen sowie Ein- und Anbauteilen ermitteln, diese anfordern und bereitstellen	
h)	Baustoffe und Bauhilfsstoffe, Fertigteile sowie Ein- und Anbauteile auf Vollständigkeit, Beschädigung und Maßhaltigkeit prüfen, Ergebnisse dokumentieren und bei Abweichungen Maßnahmen ergreifen	
6	**Lesen und Anwenden von Plänen und Zeichnungen, Anfertigen von Skizzen, auch digital (§ 4 Absatz 2 Satz 1 Nummer 6 sowie § 5 Absatz 2 Satz 1 Nummer 6)**	
d)	Zeichnungen auf Übereinstimmung mit den Gegebenheiten auf der Baustelle prüfen	2
e)	Aufmaße und Bestandsskizzen für durchzuführende Arbeiten erstellen	
f)	maßstabgerechte Zeichnungen erstellen	
g)	digitale Endgeräte verwenden, branchenübliche Software nutzen	

HB

* in Wochen, im 13. bis 24. Monat

Teil des Ausbildungsberufsbildes/ Zu vermittelnde Fertigkeiten, Kenntnisse und Fähigkeiten		Zeitliche Richt-werte*
7	**Durchführen von Messungen mittels sowohl analoger als auch digitaler Messgeräte (§ 4 Absatz 2 Satz 1 Nummer 7 sowie § 5 Absatz 2 Satz 1 Nummer 7)**	
f)	Bauwerke einmessen und abstecken	
g)	Höhen-, Lage-, Längen-, Richtungs- und Winkelmessungen, auch digital durchführen	
8	**Herstellen von Bauteilen aus Beton und Stahlbeton (§ 4 Absatz 2 Satz 1 Nummer 9, § 4 Absatz 4 Nummer 1 Buchstabe a sowie § 5 Absatz 2 Satz 1 Nummer 9)**	10
g)	Schalungen für Fundamente, Stützen und Balken sowie für Wände und Decken aus Schaltafeln, Verbundplatten und Systemschalungen herstellen und betonierfähig aufbauen	
h)	Schalungen für Aussparungen herstellen und einbauen	
i)	Schalungen auf Beschädigungen prüfen, Schalungen instand setzen	
j)	Betonstahl nach Kennzeichnung, Form und Eigenschaften unterscheiden und auswählen	
k)	Bewehrungen, insbesondere aus Betonstabstahl und Betonstahlmatten, für rechteckige Baukörper herstellen und unter Einhaltung der Betondeckung einbauen	
l)	Einbauteile, insbesondere Verankerungsschienen, montieren	
m)	Betone nach Verwendungszweck und Eigenschaften, insbesondere Expositionsklassen und Druckfestigkeitsklassen, unterscheiden	
n)	Bindemittel und Gesteinskörnung unterscheiden	
o)	Zusatzmittel und Zusatzstoffe in Betonen unterscheiden	
p)	Betonprüfungen, insbesondere Frischbetonprüfungen, durchführen	
q)	Beton mit Maschinen fördern, einbringen und verdichten	
r)	Oberflächen von Frischbetonen durch Abziehen und Glätten bearbeiten	
s)	Stahlbetonfertigteile und Halbfertigteile für Decken transportieren, lagern, montieren, sichern und abstützen	
t)	Bauwerke aus Beton und Stahlbeton gegen drückendes Wasser von außen abdichten	
9	**Herstellen von Baukörpern aus Steinen (§ 4 Absatz 2 Satz 1 Nummer 10, § 4 Absatz 4 Nummer 1 Buchstabe b sowie § 5 Absatz 2 Satz 1 Nummer 10)**	
h)	Mörtelklassen unterscheiden und Mörtel nach Mörtelklassen auswählen	
i)	Bindemittel und Gesteinskörnung für Mauermörtel unterscheiden und auswählen	
j)	Steine nach Materialien, Eigenschaften und Verwendungszweck unterscheiden und auswählen	
k)	ein- und mehrschalige Wände mit klein- und mittelformatigen Steinen in unterschiedlichen Verbandsarten herstellen	
l)	Mauerwerk mit großformatigen Steinen herstellen	
m)	Verblendmauerwerk in unterschiedlichen Verbandsarten herstellen und verfugen	
n)	bewehrtes Mauerwerk herstellen	

HB

* in Wochen, im 13. bis 24. Monat

Teil des Ausbildungsberufsbildes/ Zu vermittelnde Fertigkeiten, Kenntnisse und Fähigkeiten	Zeitliche Richt-werte*
o) Aussparungen und Schlitze in Mauerwerk anlegen und schließen	
p) Dehnungsfugen, insbesondere Trenn- und Gleitfugen, anlegen	
q) Stufen, Einfassungen, Ausfachungen und Schächte herstellen	
r) Öffnungen im Mauerwerk mit Bauteilen und künstlichen Steinen waagerecht überdecken	
s) Fertigteile, Bauelemente sowie Ein- und Anbauteile, insbesondere Trag- und Haltekonstruktionen, montieren	
t) Baukörper aus Steinen gegen nichtdrückendes Wasser abdichten	
10 Durchführen von Energieeffizienzmaßnahmen sowie Maßnahmen zum Schall- und Brandschutz in und an Bauwerken und Bauteilen (§ 4 Absatz 2 Satz 1 Nummer 11 sowie § 5 Absatz 2 Satz 1 Nummer 11)	
d) Vorschriften des Brand-, Schall- und Wärmeschutz einhalten	
e) Dämmstoffe, insbesondere aus nachwachsenden Rohstoffen, auswählen	
f) Dämmstoffe in und an Wänden, Decken, Dachkonstruktionen, Schächten, Stützen und Böden nach Herstellervorgaben an- und einbringen	
g) Anschlüsse konstruktiv und luftdicht herstellen	
11 Herstellen von Putzen (§ 4 Absatz 2 Satz 1 Nummer 12 sowie § 5 Absatz 2 Satz 1 Nummer 12)	
h) Putze, insbesondere natürliche Putze, unterscheiden, auswählen, herstellen und auftragen	
i) mehrlagige Putze herstellen	
j) Wandschlitze schließen und Rohrbekleidungen herstellen	
12 Herstellen von Estrichen (§ 4 Absatz 2 Satz 1 Nummer 13 sowie § 5 Absatz 2 Satz 1 Nummer 13)	8
j) Untergrund auf Haft-, Saug- und Tragfähigkeit sowie Maßhaltigkeit, insbesondere Ebenheit und Höhenlage, beurteilen und vorbereiten	
k) Verbundestriche, Estrich auf Trennschicht und schwimmende Estriche unter Beachtung der Mindestdicke einbauen	
l) Bewehrungen einbauen	
m) Rand- und Bewegungsfugen herstellen, Profile einsetzen	
13 Herstellen von Bauteilen im Trockenbau (§ 4 Absatz 2 Satz 1 Nummer 15 sowie § 5 Absatz 2 Satz 1 Nummer 15)	
g) Vorschriften des Brand- und Schallschutzes einhalten	
h) Unterkonstruktionen für Ständerwände herstellen	
i) Trockenbauplatten auswählen und einbauen	
j) Wand-, Boden- und Deckenanschlüsse herstellen	

HB

* in Wochen, im 13. bis 24. Monat

Teil des Ausbildungsberufsbildes/ Zu vermittelnde Fertigkeiten, Kenntnisse und Fähigkeiten		Zeitliche Richtwerte*
14	**Umbauen und Rückbauen von Baukörpern (§ 4 Absatz 2 Satz 1 Nummer 19 sowie § 5 Absatz 2 Satz 1 Nummer 19)**	4
f)	Baupläne, insbesondere in statischer Hinsicht, beachten und mit örtlichen Gegebenheiten abgleichen	
g)	Maßnahmen zur Schadensbegrenzung ergreifen und angrenzende Bauteile schützen	
h)	Dämmstoffe unter Beachtung des Arbeits- und Gesundheitsschutzes, insbesondere des Staubschutzes, rückbauen, Stoffe und Materialien einer umweltschonenden Entsorgung zuführen	
i)	Durchbrüche und Bohrungen herstellen und schließen	
j)	Abstützungen und Unterfangungen herstellen	
k)	Bauteile, Baustoffe und Bauhilfsstoffe sowie Ein- und Anbauteile insbesondere unter statischen Gesichtspunkten rückbauen und stofflich trennen	
l)	Maßnahmen zum Schutz der Umgebung gegen Emissionen ausgehend von den Um- und Rückbaumaßnahmen umsetzen	
m)	Gefahrstoffe erkennen, Sicherung und Entsorgung veranlassen	
15	**Durchführen von qualitätssichernden Maßnahmen und Übergeben der Leistungen (§ 4 Absatz 2 Satz 1 Nummer 20 sowie § 5 Absatz 2 Satz 1 Nummer 20)**	2
d)	Arbeitsergebnisse dokumentieren und von anderen erbrachte Leistungen berücksichtigen	
e)	Tätigkeitsnachweise erstellen, Zeitaufwand und Materialverbrauch erfassen	
f)	Kunden und Kundinnen sowie betrieblich beteiligte Personen über fertiggestellte Arbeiten informieren	
g)	zur Verbesserung der Arbeit im eigenen Arbeitsbereich beitragen	

M

▶ Abschnitt C: 3. Ausbildungsjahr

▸ Fertigkeiten, Kenntnisse und Fähigkeiten im Ausbildungsberuf Maurer und Maurerin (§ 5 Absatz 2)

* in Wochen, im 25. bis 36. Monat

Teil des Ausbildungsberufsbildes/ Zu vermittelnde Fertigkeiten, Kenntnisse und Fähigkeiten	Zeitliche Richtwerte*
1 Übernehmen von Arbeitsaufträgen und kundenorientierte Kommunikation (§ 5 Absatz 2 Satz 1 Nummer 1)	4
g) Kunden und Kundinnen sowie betriebliche Akteure über das betriebliche Leistungsspektrum informieren	
h) Fachbegriffe für Baustile, Bauteile, Baustoffe und Verfahren anwenden	
i) Kunden und Kundinnen über Serviceleistungen, Instandhaltungsmaßnahmen und -intervalle informieren	
j) Wünsche von Kunden und Kundinnen sowie betriebliche Vorgaben in die Auftragsausführung einbeziehen und dokumentieren	
k) erhaltenswerte Bausubstanz erkennen und Maßnahmen zum Schutz veranlassen	
2 Planen, Vorbereiten und Organisieren von Arbeitsaufgaben (§ 5 Absatz 2 Satz 1 Nummer 2)	
n) Informationen zu Vorleistungen, Baukonstruktionen und Untergründen, insbesondere über Gefahrstoffbelastungen, sowie zu Materialvorgaben, Zeitrichtwerten und Leistungsbeschreibungen erfassen und Vorgaben unter Berücksichtigung bauphysikalischer Anforderungen auf Umsetzbarkeit prüfen	
o) gewerkeübergreifende Abstimmungen für den eigenen Arbeitsbereich treffen	
p) branchenübliche Software anwenden	
q) Arbeitsprozesse kontinuierlich dokumentieren	
r) Prüf- und Messergebnisse, insbesondere objektbezogene Wetter- und Witterungsmessungen, dokumentieren und bewerten	
s) Aufmaß nach Normen und Richtlinien erstellen	
3 Einrichten, Sichern, Unterhalten und Räumen von Baustellen (§ 5 Absatz 2 Satz 1 Nummer 3)	
dd) Maßnahmen zur Nutzung von Verkehrswegen umsetzen sowie Verkehrsleiteinrichtungen nach vorgegebenem Verkehrszeichenplan aufstellen und unterhalten	
ee) Sicherungsmaßnahmen bei Instandhaltungsarbeiten ergreifen	
ff) Maßnahmen zum Artenschutz und zum Schutz der Vegetation beachten	
gg) Maßnahmen zum Schutz der Umgebung gegen Emissionen ausgehend von der Baustelle umsetzen	
hh) Teilbereiche von Baustellen räumen und übergeben	

M

* in Wochen, im 25. bis 36. Monat

Teil des Ausbildungsberufsbildes/ Zu vermittelnde Fertigkeiten, Kenntnisse und Fähigkeiten	Zeitliche Richtwerte*
4 Bedienen und Instandhalten von Werkzeugen, Maschinen und Anlagen (§ 5 Absatz 2 Satz 1 Nummer 4)	
g) Werkzeuge und Maschinen für den Arbeitsablauf anfordern, transportieren, lagern, für den Einsatz vorbereiten und einsetzen	
h) Werkzeuge und Maschinen überprüfen, Verunreinigungen der Umwelt vermeiden	
i) Förder- und Transportgeräte bedienen, Lastaufnahme- und Anschlagmittel einsetzen	
5 Durchführen von Messungen mittels sowohl analoger als auch digitaler Messgeräte (§ 5 Absatz 2 Satz 1 Nummer 7)	
h) Funktionsweise von satellitengestützten und stationären Messsystemen unterscheiden	2
i) Koordinatensysteme anwenden	
j) digitale Messungen anhand vorgegebener Koordinaten durchführen	
6 Herstellen von Bauteilen aus Beton und Stahlbeton (§ 5 Absatz 2 Satz 1 Nummer 9)	
u) Schalungen für Podeste und gerade Treppenläufe herstellen und betonierfähig aufbauen	
v) Schalungen für sichtbaren Beton herstellen	
w) Bewehrungseinheiten vorfertigen und insbesondere unter Einhaltung der Betondeckung einbauen	
x) Fertigteile, insbesondere Treppen und Balkonplatten, unter Berücksichtigung technischer Anforderungen einbauen	10
y) Bauteile aus Beton und Stahlbeton gegen Feuchtigkeit abdichten	
z) Halbfertigteile transportieren, lagern, prüfen, zur Weiterverarbeitung vorbereiten und montieren	
aa) Elementdecken unter Berücksichtigung technischer Anforderungen verlegen	
bb) Elementwände unter Berücksichtigung technischer Anforderungen versetzen	
7 Herstellen von Baukörpern aus Steinen (§ 5 Absatz 2 Satz 1 Nummer 10)	
u) Verbände für unterschiedliche Mauerwerkskörper, insbesondere für Pfeiler und Vorlagen, auswählen	
v) Pfeiler und Vorlagen herstellen	
w) bewehrtes Mauerwerk herstellen	
x) Mauerwerk mit systemgebundenen Verfahren und Bauweisen herstellen	25
y) Wandtafeln aus Mauerwerk transportieren und montieren	
z) Öffnungen im Mauerwerk mit Fertigteilen aus Stahl oder Stahlbeton überdecken	
aa) Bögen herstellen	
bb) Außenmauerwerk, insbesondere Treppen, herstellen	

M

* in Wochen, im 25. bis 36. Monat

Teil des Ausbildungsberufsbildes/ Zu vermittelnde Fertigkeiten, Kenntnisse und Fähigkeiten	Zeitliche Richtwerte*
cc) Stahlbauteile, insbesondere bei zweischaligem Mauerwerk, einbauen	
dd) Abgasanlagen, insbesondere Schornsteine, aus Fertigteilen montieren	
ee) Baukörper aus Steinen gegen drückendes Wasser abdichten	
8 Durchführen von Energieeffizienzmaßnahmen sowie Maßnahmen zum Schall- und Brandschutz in und an Bauwerken und Bauteilen (§ 5 Absatz 2 Satz 1 Nummer 11)	**2**
h) Wärmedammsysteme für Innen- Außenflächen unterscheiden	
i) Mauerwerk an Innen- und Außenflächen aus Dämmsteinen herstellen	
j) Dämmstoffe in und an erdberührenden Bauteilen, Wänden, Decken, Schächte und Stützen an- und einbringen	
k) Modernisierungen vorhandener Systeme durchführen	
l) Brandschutzbestimmungen beachten	
m) Brandschutzbekleidungen einbauen	
n) Brandschutzabschlüsse im Mauerwerk herstellen	
o) Schallschutzmaßnahmen unterscheiden	
p) Schallschutzanschlüsse herstellen	
q) Einbauteile für den Schallschutz montieren	
9 Herstellen von Putzen (§ 5 Absatz 2 Satz 1 Nummer 12)	**2**
k) Wärmedämm-, Sonder- und Kunstharzputze unterscheiden, auswählen und herstellen	
l) natürliche Putze, insbesondere Lehmputze, unterscheiden, auswählen und herstellen	
m) Putzoberflächen nach verschiedenen Methoden gestalten	
10 Instandhalten und Sichern von Baukörpern (§ 5 Absatz 2 Satz 1 Nummer 21)	**5**
a) Verfahren zur Instandhaltung unterscheiden und auswählen	
b) Instandhaltungen, insbesondere bei Mauerwerken aus natürlichen und künstlichen Steinen, Putzen, Estrichen, Beton- und Stahlbetonteilen und Wärmedämmsystemen, durchführen	
c) erhaltenswerte Bausubstanz erkennen und Maßnahmen zum Schutz veranlassen	
d) Schaden analysieren und Ist-Zustand dokumentieren	
e) Maßnahmen zur Schadensbegrenzung ergreifen	
f) Art und Umfang der Instandhaltung festlegen	

M

* in Wochen, im 25. bis 36. Monat

Teil des Ausbildungsberufsbildes/ Zu vermittelnde Fertigkeiten, Kenntnisse und Fähigkeiten		Zeitliche Richtwerte*
11	**Durchführen von qualitätssichernden Maßnahmen und Übergeben der Leistungen (§ 5 Absatz 2 Satz 1 Nummer 20)**	
h)	Methoden der Qualitätssicherung anwenden	2
i)	Aufmaße über durchgeführte Arbeiten erstellen	
j)	Qualitätsabweichungen feststellen und Maßnahmen zur Behebung von Qualitätsabweichungen ergreifen	
k)	Instandhaltungs- und Sicherungsmaßnahmen kontrollieren und dokumentieren sowie Reinigungsmaßnahmen kontrollieren und dokumentieren	
l)	Kunden und Kundinnen und betriebliche Beteiligte über fertiggestellte Arbeiten informieren	
m)	bei der Erstellung von Abnahmeprotokollen mitwirken	
n)	Reklamationen entgegennehmen und weiterleiten	
o)	kundenrelevante Informationen zu Maßnahmen zur Funktions- und Werterhaltung weitergeben	
p)	Auswirkungen der Kundenzufriedenheit auf das Betriebsergebnis im Rahmen der eigenen Arbeiten berücksichtigen	
q)	zur kontinuierlichen Verbesserung von Arbeitsprozessen im eigenen Arbeitsbereich beitragen	

HB

▶ Abschnitt D: integrativ zu vermittelnde Fertigkeiten, Kenntnisse und Fähigkeiten

Die Standardberufsbildpositionen sind während der gesamten Berufsausbildung zu vermitteln.

Teil des Ausbildungsberufsbildes/ Zu vermittelnde Fertigkeiten, Kenntnisse und Fähigkeiten	
1	**Organisation des Ausbildungsbetriebes, Berufsbildung sowie Arbeits- und Tarifrecht (§ 4 Absatz 3 Nummer 1 sowie § 5 Absatz 3 Nummer 1)**
a)	den Aufbau und die grundlegenden Arbeits- und Geschäftsprozesse des Ausbildungsbetriebes erläutern
b)	Rechte und Pflichten aus dem Ausbildungsvertrag sowie Dauer und Beendigung des Ausbildungsverhältnisses erläutern und Aufgaben der im System der dualen Berufsausbildung Beteiligten beschreiben
c)	die Bedeutung, die Funktion und die Inhalte der Ausbildungsordnung und des betrieblichen Ausbildungsplans erläutern sowie zu deren Umsetzung beitragen
d)	die für den Ausbildungsbetrieb geltenden arbeits-, sozial-, tarif- und mitbestimmungsrechtlichen Vorschriften erläutern
e)	Grundlagen, Aufgaben und Arbeitsweise der betriebsverfassungs- oder personalvertretungsrechtlichen Organe des Ausbildungsbetriebes erläutern
f)	Beziehungen des Ausbildungsbetriebs und seiner Beschäftigten zu Wirtschaftsorganisationen und Gewerkschaften erläutern
g)	Positionen der eigenen Entgeltabrechnung erläutern
h)	wesentliche Inhalte von Arbeitsverträgen erläutern
i)	Möglichkeiten des beruflichen Aufstiegs und der beruflichen Weiterentwicklung erläutern
2	**Sicherheit und Gesundheit bei der Arbeit (§ 4 Absatz 3 Nummer 2 sowie § 5 Absatz 3 Nummer 2)**
a)	Rechte und Pflichten aus den berufsbezogenen Arbeitsschutz- und Unfallverhütungsvorschriften kennen und diese Vorschriften anwenden
b)	Gefährdungen von Sicherheit und Gesundheit am Arbeitsplatz und auf dem Arbeitsweg prüfen und beurteilen
c)	sicheres und gesundheitsgerechtes Arbeiten erläutern
d)	technische und organisatorische Maßnahmen zur Vermeidung von Gefährdungen sowie von psychischen und physischen Belastungen für sich und andere, auch präventiv, ergreifen
e)	ergonomische Arbeitsweisen beachten und anwenden
f)	Verhaltensweisen bei Unfällen beschreiben und erste Maßnahmen bei Unfällen einleiten
g)	betriebsbezogene Vorschriften des vorbeugenden Brandschutzes anwenden, Verhaltensweisen bei Bränden beschreiben und erste Maßnahmen zur Brandbekämpfung ergreifen
3	**Umweltschutz und Nachhaltigkeit (§ 4 Absatz 3 Nummer 3 sowie § 5 Absatz 3 Nummer 3)**
a)	Möglichkeiten zur Vermeidung betriebsbedingter Belastungen für Umwelt und Gesellschaft im eigenen Aufgabenbereich erkennen und zu deren Weiterentwicklung beitragen
b)	bei Arbeitsprozessen und im Hinblick auf Produkte, Waren oder Dienstleistungen Materialien und Energie unter wirtschaftlichen, umweltverträglichen und sozialen Gesichtspunkten der Nachhaltigkeit nutzen

Teil des Ausbildungsberufsbildes/ Zu vermittelnde Fertigkeiten, Kenntnisse und Fähigkeiten	
c)	für den Ausbildungsbetrieb geltende Regelungen des Umweltschutzes einhalten
d)	Abfälle vermeiden sowie Stoffe und Materialien einer umweltschonenden Wiederverwertung oder Entsorgung zuführen
e)	Vorschläge für nachhaltiges Handeln für den eigenen Arbeitsbereich entwickeln
f)	unter Einhaltung betrieblicher Regelungen im Sinne einer ökonomischen, ökologischen und sozial nachhaltigen Entwicklung zusammenarbeiten und adressatengerecht kommunizieren
4	**digitalisierte Arbeitswelt (§ 4 Absatz 3 Nummer 4 sowie § 5 Absatz 3 Nummer 4)**
a)	mit eigenen und betriebsbezogenen Daten sowie mit Daten Dritter umgehen und dabei die Vorschriften zum Datenschutz und zur Datensicherheit einhalten
b)	Risiken bei der Nutzung von digitalen Medien und informationstechnischen Systemen einschätzen und bei deren Nutzung betriebliche Regelungen einhalten
c)	ressourcenschonend, adressatengerecht und effizient kommunizieren sowie Kommunikationsergebnisse dokumentieren
d)	Störungen in Kommunikationsprozessen erkennen und zu ihrer Lösung beitragen
e)	Informationen in digitalen Netzen recherchieren und aus digitalen Netzen beschaffen sowie Informationen, auch fremde, prüfen, bewerten und auswählen
f)	Lern- und Arbeitstechniken sowie Methoden des selbstgesteuerten Lernens anwenden, digitale Lernmedien nutzen und Erfordernisse des lebensbegleitenden Lernens erkennen und ableiten
g)	Aufgaben zusammen mit Beteiligten, einschließlich der Beteiligten anderer Arbeits- und Geschäftsbereiche, auch unter Nutzung digitaler Medien, planen, bearbeiten und gestalten
h)	Wertschätzung anderer unter Berücksichtigung gesellschaftlicher Vielfalt praktizieren

3 Berufsschule als Lernort der dualen Ausbildung

Die Rahmenlehrpläne für die Berufsausbildungen bilden die Struktur der Bauwirtschaftsberufe ab und sind im ersten Ausbildungsjahr für alle Bauwirtschaftsberufe identisch, im zweiten Ausbildungsjahr entsprechend den Schwerpunkten sowie im dritten Ausbildungsjahr nach den jeweiligen Berufen differenziert. Der Rahmenlehrplan wird in Lernfelder unterteilt.

Übersicht Lernfelder

<table>
<tr><th colspan="7">Hochbaufacharbeiter/-in (Schwerpunkt Maurerarbeiten) und Maurer/-in</th></tr>
<tr><th colspan="3">Ausbildungsberuf</th><th>Ausbildungsjahr</th><th>Lernfeld Nr.</th><th>Lernfeld</th><th>Zeitrichtwerte in Unterrichtsstunden</th></tr>
<tr><td rowspan="6">alle Berufe der Bauwirtschaft</td><td rowspan="11">Hochbaufacharbeiter/-in</td><td rowspan="16">Maurer/-in</td><td rowspan="6">1.</td><td>1</td><td>Baustellen einrichten</td><td>20</td></tr>
<tr><td>2</td><td>Bauwerke erschließen und gründen</td><td>60</td></tr>
<tr><td>3</td><td>Einschalige Baukörper mauern</td><td>60</td></tr>
<tr><td>4</td><td>Stahlbetonbauteile herstellen</td><td>60</td></tr>
<tr><td>5</td><td>Holzkonstruktionen herstellen</td><td>60</td></tr>
<tr><td>6</td><td>Bauteile beschichten und bekleiden</td><td>60</td></tr>
<tr><td rowspan="10"></td><td rowspan="5">2.</td><td>7</td><td>Einschalige Wände mauern</td><td>60</td></tr>
<tr><td>8</td><td>Zweischalige Wände mauern</td><td>60</td></tr>
<tr><td>9</td><td>Kellerwände in Mauerwerk und Stahlbeton herstellen</td><td>40</td></tr>
<tr><td>10</td><td>Stützen und Decken und Fundamente aus Stahlbeton herstellen</td><td>60</td></tr>
<tr><td>11</td><td>Wände putzen und Estriche herstellen</td><td>40</td></tr>
<tr><td rowspan="5"></td><td rowspan="5">3.</td><td>12</td><td>Gerade Treppen herstellen</td><td>60</td></tr>
<tr><td>13</td><td>Öffnungen mit Bögen überdecken</td><td>60</td></tr>
<tr><td>14</td><td>Mauerwerk aus natürlichen Steinen herstellen</td><td>40</td></tr>
<tr><td>15</td><td>Besondere Bauteile herstellen</td><td>60</td></tr>
<tr><td>16</td><td>Bauteile instand setzen</td><td>60</td></tr>
<tr><td colspan="6">Insgesamt:</td><td>880 Stunden</td></tr>
</table>

4 Prüfungen

4.1 Hochbaufacharbeiter/-in

HF

Prüfungsform beim Ausbildungsberuf Hochbaufacharbeiter/-in mit dem Schwerpunkt Maurerarbeiten ist die konventionelle Prüfung. Die konventionelle Prüfung sieht eine Zwischenprüfung und eine Gesellen- oder Abschlussprüfung vor. Ob es sich um eine Gesellen- oder Abschlussprüfung handelt, hängt davon ab, bei welcher Kammer das Ausbildungsverhältnis eingetragen ist. Im Handwerk schließt eine Ausbildung mit einer Gesellenprüfung ab. Im Bereich Industrie und Handel wird eine Abschlussprüfung durchgeführt.

Hochbaufacharbeiter/-in (Schwerpunkt Maurerarbeiten)					
	Zwischenprüfung		Gesellen- oder Abschlussprüfung		
Prüfungsbereiche	„Durchführen von Arbeiten im Hochbau"		„Herstellen von Baukörpern"	„Durchführen von Hochbauarbeiten"	„Wirtschafts- und Sozialkunde"
Prüfungsinstrumente	Arbeitsaufgabe, Dokumentieren mit praxisüblichen Unterlagen	Schriftlich zu bearbeitende Aufgaben	Arbeitsaufgabe, Dokumentieren mit praxisüblichen Unterlagen	Schriftlich zu bearbeitende Aufgaben	Schriftlich zu bearbeitende Aufgaben
Prüfungszeiten	6 Std.	60 Min.	8 Std.	120 Min.	60 Min.
Gewichtung			60 %	30 %	10 %

[▲ Kapitel 2.1 „Paragrafen der Ausbildungsordnung" Abschnitt 2]

Für die **Zwischenprüfung** im Ausbildungsberuf Hochbaufacharbeiter/-in mit dem Schwerpunkt Maurerarbeiten sind die Inhalte des Ausbildungsrahmenplans (Anlage 1) in den Abschnitten A und D relevant.
Die Zwischenprüfung im Ausbildungsberuf Hochbaufacharbeiter/-in ist für alle Auszubildenden im Bereich Hochbau – unabhängig vom Schwerpunkt – gleich aufgebaut. Die Zwischenprüfung sieht eine praktische und eine schriftliche Prüfung vor.
Für die **Gesellen- oder Abschlussprüfung** sind alle während der gesamten Ausbildungszeit vermittelten Fertigkeiten, Kenntnisse und Fähigkeiten relevant. Die Gesellen- oder Abschlussprüfung bezieht sich auf die gesamte Ausbildungszeit. Dementsprechend gilt Anlage 1, Abschnitte A, B und D.

Anrechnung von Prüfungsleistungen

Die Prüfungsbereiche der Gesellen- oder Abschlussprüfung „Herstellen von Baukörpern" sowie „Durchführen von Hochbauarbeiten" sind identisch mit Teil 1 der „Gestreckten Gesellen- oder Abschlussprüfung" im Beruf Maurer/-in. Bei der Anrechnung der Prüfungsleistungen im zweijährigen Beruf zwecks Fortsetzung der Ausbildung (drittes Ausbildungsjahr) im Beruf Maurer/-in (Anrechnungsmodell) werden die Prüfungsergebnisse der beiden Prüfungsbereiche entsprechend der Gewichtung des Teils 1 der „Gestreckten Gesellen- oder Abschlussprüfung" berücksichtigt.

HF

4.1.1 Zwischenprüfung

Grundlage für die praktische und schriftliche Prüfung im Prüfungsbereich „Durchführen von Arbeiten im Hochbau“ sind Prüfungsanforderungen in Form von Kompetenzen. Die Kompetenzen werden an einer von drei möglichen Tätigkeiten geprüft. Die unter § 13 Absatz 3 aufgeführten Tätigkeiten spiegeln die für die Ausbildung zum Hochbaufacharbeiter und zur Hochbaufacharbeiterin vorgesehenen Schwerpunkte wider. Der Prüfungsausschuss wählt unter Berücksichtigung der schwerpunktmäßigen Ausrichtung des Prüflings eine der drei Tätigkeiten aus.

Die Frage, welche Kompetenzen in der praktischen Prüfung und welche in der schriftlichen Prüfung abgeprüft werden, wird im Rahmen der Prüfungsaufgabenerstellung festgelegt.

Prüfungsbereich „Durchführen von Arbeiten im Hochbau“

Im Prüfungsbereich „Durchführen von Arbeiten im Hochbau“ hat der Prüfling nachzuweisen, dass er in der Lage ist,

1. Arbeitsschritte zu planen sowie persönliche Schutzausrüstung auszuwählen,
2. Arbeitsplätze einzurichten und zu räumen,
3. Baustoffe und Bauhilfsstoffe zu unterscheiden, auszuwählen und einzusetzen sowie Mengen zu berechnen,
4. Werkzeuge zu unterscheiden, auszuwählen und einzusetzen,
5. ergonomische, ökologische und ökonomische Gesichtspunkte bei der Durchführung der Arbeiten zu berücksichtigen,
6. Pläne, Skizzen und Zeichnungen zu lesen und anzuwenden,
7. Untergründe nach Vorgaben vorzubereiten,
8. Baukörper herzustellen,
9. Gefahrstoffe in Bauprodukten zu unterscheiden, Schutzmaßnahmen zu ergreifen, Gefahrstoffe umweltgerecht zu lagern sowie
10. Arbeitsergebnisse zu kontrollieren sowie Maßnahmen zur Qualitätssicherung durchzuführen.

Für den Nachweis nach Absatz 2 ist eine der folgenden Tätigkeiten (vom Prüfungsausschuss festgelegt) zugrunde zu legen:

1. Herstellen eines Mauerwerkskörpers mit rechtwinklig einbindender Wand,
2. Herstellung einer betonierfähigen Schalung für ein rechteckiges Stahlbetonteil oder
3. Herstellen eines rechteckigen Bewehrungskorbes.

Prüfungsinstrumente	Prüfungszeit
Arbeitsaufgabe	6 Std.
Dokumentation mit praxisüblichen Unterlagen	
Schriftlich zu bearbeitende Aufgaben	60 Min.

4.1.2 Gesellen- oder Abschlussprüfung

In der Gesellen- oder Abschlussprüfung werden die Prüfungsbereiche „Herstellen von Baukörpern", „Durchführen von Hochbauarbeiten" sowie „Wirtschafts- und Sozialkunde" zugrunde gelegt.
Im Prüfungsbereich „Herstellen von Baukörpern" werden die Kompetenzen in einer praktischen Prüfung an einer von sechs Tätigkeiten geprüft (§ 17 Absatz 2). Der Prüfungsausschuss wählt die Tätigkeit aus. Dabei muss die schwerpunktmäßige Ausrichtung der Ausbildung des Prüflings berücksichtigt werden.

Prüfungsbereich „Herstellen von Baukörpern"

Im Prüfungsbereich „Herstellen von Baukörpern" hat der Prüfling nachzuweisen, dass er in der Lage ist,

1. Arbeitsabläufe zu planen und persönliche Schutzausrüstung auszuwählen,
2. Arbeitsplätze einzurichten und zu räumen,
3. Mengen von Baustoffen und Bauhilfsstoffen zu berechnen sowie Baustoffe und Bauhilfsstoffe einzusetzen,
4. Werkzeuge und Maschinen auszuwählen und einzusetzen,
5. ergonomische, ökologische und ökonomische Gesichtspunkte bei der Durchführung der Arbeiten zu berücksichtigen,
6. Baukörper einzumessen,
7. Baukörper herzustellen oder rückzubauen und
8. sowohl Zwischen- als auch Endergebnisse der durchzuführenden Arbeiten zu kontrollieren, zu bewerten und zu dokumentieren.

Für den Nachweis ist eine der folgenden Tätigkeiten (vom Prüfungsausschuss festgelegt) zugrunde zu legen:

1. Herstellen eines Mauerwerkskörpers aus künstlichen Steinen in unterschiedlichen Verbandsarten,
2. Herstellen eines Mauerwerkskörpers aus künstlichen Steinen und Erstellen einer Putzfläche,
3. Herstellen eines Mauerwerkskörpers aus künstlichen Steinen und Einsetzen eines Betonfertigteils,
4. Herstellen eines Mauerwerkskörpers aus künstlichen Steinen und Erstellen einer Schalung mit Bewehrung,
5. Herstellen eines Mauerwerkskörpers aus künstlichen Steinen und Herstellen und Einbauen von Estrich oder
6. Herstellen eines Mauerwerkskörpers aus künstlichen Steinen und Einbauen einer Trockenbaukonstruktion.

Prüfungsinstrumente	Prüfungszeit
Arbeitsaufgabe	8 Std.
Dokumentation mit praxisüblichen Unterlagen	

HF

Im Prüfungsbereich „Durchführen von Hochbauarbeiten" werden die Kompetenzen in einer schriftlichen Prüfung nach § 18 Absatz 2 anhand von Tätigkeiten aus zwei Bereichen geprüft:

1. Bereich Hochbauarbeiten
   Im Bereich Hochbauarbeiten wählt der Prüfungsausschuss vier von acht möglichen Tätigkeiten für die jeweilige Prüfung aus.
2. Bereich Schwerpunkt Maurerarbeiten
   Im Bereich Schwerpunkt Maurerarbeiten müssen alle Tätigkeiten in der Prüfung berücksichtigt werden.

Prüfungsbereich „Durchführen von Hochbauarbeiten"

Im Prüfungsbereich „Durchführen von Hochbauarbeiten" hat der Prüfling nachzuweisen, dass er in der Lage ist,

1. Aufträge zu erfassen sowie Arbeitsabläufe unter Beachtung technischer, wirtschaftlicher und organisatorischer Vorgaben zu planen,
2. persönliche Schutzausrüstung zu unterscheiden, auszuwählen und diesbezügliche Vorgaben zu erläutern,
3. das Einrichten oder das Räumen von Arbeitsplätzen unter Beachtung von Gefahrenbereichen auf Baustellen zu erläutern,
4. Baustoffe und Bauhilfsstoffe zu unterscheiden, auszuwählen, deren Mengen zu berechnen sowie die ökologischen Auswirkungen der Baustoffe und Bauhilfsstoffe zu erläutern,
5. Werkzeuge und Maschinen zu unterscheiden und auszuwählen,
6. Messgeräte zu unterscheiden und auszuwählen,
7. Pläne zu lesen und Skizzen zu erstellen,
8. Verfahren zur sortenreinen Trennung und Lagerung von Abfall- und Reststoffen auf der Baustelle zu beschreiben und dabei kreislaufwirtschaftliche Gesichtspunkte zu berücksichtigen sowie
9. Maßnahmen zur Sicherheit und zum Gesundheitsschutz bei der Arbeit, zum Umweltschutz und zur Qualitätssicherung zu beschreiben.

Für den Nachweis sind vier Tätigkeiten aus dem nachfolgend aufgeführten Bereich Hochbauarbeiten (vom Prüfungsausschuss festgelegt) und sämtliche Tätigkeiten aus dem Bereich Schwerpunkt Maurerarbeiten zugrunde zu legen:

Bereich Hochbauarbeiten:

a) Beschreiben von Verfahren zur Vorbereitung von Untergründen,
b) Unterscheiden und Auswählen von Mörtelklassen sowie Bindemitteln und Gesteinskörnungen für Mauermörtel,
c) Unterscheiden von Betonen nach Expositionsklassen und Druckfestigkeitsklassen,
d) Unterscheiden und Auswählen von Steinformaten und Verbänden,
e) Unterscheiden von Schalungen für unterschiedliche Bauteile, Unterscheiden und Auswählen von Schalmaterialien sowie Anwenden von Schalplänen,
f) Lesen und Zeichnen von Bewehrungsplänen, Erstellen von Stahllisten, Erläutern von Einbaugrundsätzen,
g) Unterscheiden von Konstruktionen im Holzbau, im Trockenbau, von Putzen oder von Estrichen oder
h) Unterscheiden von Baugruben, Gräben, Verbau, Wasserhaltungen oder Infrastrukturtechnik;

Bereich Schwerpunkt Maurerarbeiten:

a) Unterscheiden von Arten und Eigenschaften von Steinen,

b) Erläutern von Mauerwerkskonstruktionen,

c) Anwenden der Maßordnung im Hochbau und

d) Unterscheiden und Erläutern von Vorschriften des Brand-, Schall-, Wärme- und Feuchteschutzes.

Prüfungsinstrument	Prüfungszeit
Schriftlich zu bearbeitende Aufgaben	120 Min.

Prüfungsbereich „Wirtschafts- und Sozialkunde“

Im Prüfungsbereich „Wirtschafts- und Sozialkunde“ hat der Prüfling nachzuweisen, dass er in der Lage ist, allgemeine wirtschaftliche und gesellschaftliche Zusammenhänge der Berufs- und Arbeitswelt darzustellen und zu beurteilen.

Prüfungsinstrument	Prüfungszeit
Schriftlich zu bearbeitende Aufgaben	60 Min.

4.2 Maurer/-in

Prüfungsform beim Ausbildungsberuf Maurer/-in ist die „Gestreckte Gesellen- oder Abschlussprüfung“. Ob es sich um eine Gesellenprüfung oder eine Abschlussprüfung handelt, hängt davon ab, bei welcher Kammer das Ausbildungsverhältnis eingetragen ist. Im Handwerk schließt eine Ausbildung mit einer Gesellenprüfung ab. Im Bereich Industrie und Handel wird eine Abschlussprüfung durchgeführt.

Bei dieser Prüfungsart (§ 44 BBiG/§ 36 a HwO) findet keine Zwischenprüfung statt, sondern eine Gesellen- oder Abschlussprüfung, die sich aus zwei bewerteten Teilen zusammensetzt. Teil 1 und Teil 2 werden zeitlich getrennt voneinander geprüft. Beide Prüfungsteile fließen dabei in einem in der Verordnung festgelegten Verhältnis in die Bewertung und das Gesamtergebnis der Gesellen- oder Abschlussprüfung ein.

In Teil 1 der „Gestreckten Gesellen- oder Abschlussprüfung“ wird daher ein Teil der beruflichen Handlungsfähigkeit festgestellt. Prüfungsgegenstand von Teil 1 sind die Fertigkeiten, Kenntnisse und Fähigkeiten, die bis zu diesem Zeitpunkt gemäß dem Ausbildungsrahmenplan zu vermitteln sind. Prüfungsgegenstand von Teil 2 sind die Inhalte der gesamten Ausbildung. Prüfungsinhalte aus Teil 1 sollten sich dabei in Teil 2 nicht wiederholen, da diese bereits als abgeprüft gelten.

<table>
<tr><th colspan="7">Maurer/-in</th></tr>
<tr><th colspan="7">Gesellen- oder Abschlussprüfung</th></tr>
<tr><td></td><th colspan="2">Teil 1</th><th colspan="4">Teil 2</th></tr>
<tr><td>Prüfungsbereiche</td><td colspan="2">„Herstellen von Baukörpern und Durchführen von Hochbauarbeiten“</td><td rowspan="2">„Herstellen von Mauerwerkskörpern“</td><td rowspan="2">„Durchführen von Mauerwerksarbeiten“</td><td rowspan="2">„Durchführen von Hochbaumaßnahmen“</td><td rowspan="2">„Wirtschafts- und Sozialkunde“</td></tr>
<tr><td></td><td>Erster Teil von Teil 1</td><td>Zweiter Teil von Teil 1</td></tr>
<tr><td>Prüfungsinstrumente</td><td>Arbeitsaufgabe, Dokumentieren mit praxisüblichen Unterlagen</td><td>Schriftlich zu bearbeitende Aufgaben</td><td>Arbeitsaufgabe, Dokumentieren mit praxisüblichen Unterlagen</td><td>Schriftlich zu bearbeitende Aufgaben</td><td>Schriftlich zu bearbeitende Aufgaben</td><td>Schriftlich zu bearbeitende Aufgaben</td></tr>
<tr><td>Prüfungszeiten</td><td>8 Std.</td><td>120 Min.</td><td>8 Std.</td><td>90 Min.</td><td>90 Min.</td><td>60 Min.</td></tr>
<tr><td rowspan="2">Gewichtung</td><td>60 %</td><td>40 %</td><td rowspan="2">30 %</td><td rowspan="2">10 %</td><td rowspan="2">10 %</td><td rowspan="2">10 %</td></tr>
<tr><td colspan="2">40 %</td></tr>
</table>

[▲ Kapitel 2.1 „Paragrafen der Ausbildungsordnung“ Abschnitt 3]

Teil 1 der „Gestreckten Gesellen- oder Abschlussprüfung“ findet im vierten Ausbildungshalbjahr statt. Das Ergebnis geht mit einem Anteil in das Gesamtergebnis ein – dieser Anteil ist in der Ausbildungsordnung festgelegt. Der Prüfling wird nach Ablegen von Teil 1 über seine erbrachte Leistung informiert. Dieser Teil der Prüfung kann nicht eigenständig wiederholt werden, da er ein Teil der Gesamtprüfung ist. Ein schlechtes Ergebnis in Teil 1 kann also nicht verbessert, sondern muss durch ein entsprechend gutes Ergebnis in Teil 2 ausgeglichen werden, damit die Prüfung insgesamt als „bestanden“ gilt.

Teil 2 der „Gestreckten Gesellen- oder Abschlussprüfung“ erfolgt zum Ende der Ausbildungszeit. Das Gesamtergebnis der Gesellen- oder Abschlussprüfung setzt sich aus den Ergebnissen der beiden Teilprüfungen zusammen. Bei Nichtbestehen der Prüfung müssen sowohl Teil 1 als auch Teil 2 wiederholt werden. Gleichwohl kann der Prüfling auf Antrag von der Wiederholung einzelner, bereits bestandener Prüfungsabschnitte freigestellt werden.

M

!

Ermittlung des Ergebnisses von Teil 1 der „Gestreckten Gesellen- oder Abschlussprüfung":

Teil 1 besteht aus einer praktischen Prüfung (erster Teil von Teil 1 – Arbeitsaufgabe) und einer schriftlichen Prüfung (zweiter Teil von Teil 1 – schriftliche Aufgaben). Für jede dieser Aufgaben muss eine Note ermittelt werden. Dabei fließt die Note der praktischen Prüfung (erster Teil) mit 60 Prozent und die der schriftlichen Prüfung (zweiter Teil) mit 40 Prozent in die Note für Teil 1 der Prüfung ein.

Die Note für beide Teilbereiche von Teil 1 der Prüfung fließt am Ende der Ausbildung mit 40 Prozent in die Gesamtnote ein.

4.2.1 Teil 1 der Gestreckten Gesellen- oder Abschlussprüfung

Im ersten Teil des Prüfungsbereichs „Herstellen von Baukörpern und Durchführen von Hochbauarbeiten" werden die Kompetenzen in einer praktischen Prüfung anhand einer von sechs möglichen Tätigkeiten geprüft (§ 24 Absatz 3).
Im zweiten Teil werden die Kompetenzen in einer schriftlichen Prüfung nach § 24 Absatz 4 anhand von Tätigkeiten aus zwei Bereichen geprüft:

1. Bereich Hochbauarbeiten
   Im Bereich Hochbauarbeiten wählt der Prüfungsausschuss vier von acht möglichen Tätigkeiten für die jeweilige Prüfung aus.

2. Bereich Maurerarbeiten
   Im Bereich Maurerarbeiten müssen alle Tätigkeiten in der Prüfung berücksichtigt werden.

Prüfungsbereich „Herstellen von Baukörpern und Durchführen von Hochbauarbeiten"
Im Prüfungsbereich „Herstellen von Baukörpern und Durchführen von Hochbauarbeiten" besteht die Prüfung aus zwei Teilen.
Im ersten Teil hat der Prüfling nachzuweisen, dass er in der Lage ist, 1. Arbeitsabläufe zu planen und persönliche Schutzausrüstung auszuwählen, 2. Arbeitsplätze einzurichten und zu räumen, 3. Mengen von Baustoffen und Bauhilfsstoffen zu berechnen sowie Baustoffe und Bauhilfsstoffe einzusetzen, 4. Werkzeuge und Maschinen auszuwählen und einzusetzen, 5. ergonomische, ökologische und ökonomische Gesichtspunkte bei der Durchführung der Arbeiten zu berücksichtigen, 6. Baukörper einzumessen, 7. Baukörper herzustellen oder rückzubauen und 8. sowohl Zwischen- als auch Endergebnisse der durchzuführenden Arbeiten zu kontrollieren, zu bewerten und zu dokumentieren.
Für den Nachweis ist eine der folgenden Tätigkeiten (vom Prüfungsausschuss festgelegt) zugrunde zu legen: 1. Herstellen eines Mauerwerkskörpers aus künstlichen Steinen in unterschiedlichen Verbandsarten, 2. Herstellen eines Mauerwerkskörpers aus künstlichen Steinen und Erstellen einer Putzfläche, 3. Herstellen eines Mauerwerkskörpers aus künstlichen Steinen und Einsetzen eines Betonfertigteils, 4. Herstellen eines Mauerwerkskörpers aus künstlichen Steinen und Erstellen einer Schalung mit Bewehrung, 5. Herstellen eines Mauerwerkskörpers aus künstlichen Steinen und Herstellen und Einbauen von Estrich oder 6. Herstellen eines Mauerwerkskörpers aus künstlichen Steinen und Einbauen einer Trockenbaukonstruktion.

M

Prüfungsinstrumente	Prüfungszeit
Arbeitsaufgabe	8 Std.
Dokumentation mit praxisüblichen Unterlagen	

Im zweiten Teil hat der Prüfling nachzuweisen, dass er in der Lage ist,

1. Aufträge zu erfassen sowie Arbeitsabläufe unter Beachtung technischer, wirtschaftlicher und organisatorischer Vorgaben zu planen,
2. persönliche Schutzausrüstung zu unterscheiden, auszuwählen und diesbezügliche Vorgaben zu erläutern,
3. das Einrichten oder das Räumen von Arbeitsplätzen unter Beachtung von Gefahrenbereichen auf Baustellen zu erläutern,
4. Baustoffe und Bauhilfsstoffe zu unterscheiden, auszuwählen, deren Mengen zu berechnen sowie die ökologischen Auswirkungen der Baustoffe und Bauhilfsstoffe zu erläutern,
5. Werkzeuge und Maschinen zu unterscheiden und auszuwählen,
6. Messgeräte zu unterscheiden und auszuwählen,
7. Pläne zu lesen und Skizzen zu erstellen,
8. Verfahren zur sortenreinen Trennung und Lagerung von Abfall- und Reststoffen auf der Baustelle zu beschreiben und dabei kreislaufwirtschaftliche Gesichtspunkte zu berücksichtigen sowie
9. Maßnahmen zur Sicherheit und zum Gesundheitsschutz bei der Arbeit, zum Umweltschutz und zur Qualitätssicherung zu beschreiben.

Für den Nachweis sind vier Tätigkeiten aus dem nachfolgend aufgeführten Bereich Hochbauarbeiten (vom Prüfungsausschuss festgelegt) und sämtliche Tätigkeiten aus dem Bereich Maurerarbeiten zugrunde zu legen:

Bereich Hochbauarbeiten:

a) Beschreiben von Verfahren zur Vorbereitung von Untergründen,
b) Unterscheiden und Auswählen von Mörtelklassen sowie Bindemitteln und Gesteinskörnungen für Mauermörtel,
c) Unterscheiden von Betonen nach Expositionsklassen und Druckfestigkeitsklassen,
d) Unterscheiden und Auswählen von Steinformaten und Verbänden,
e) Unterscheiden von Schalungen für unterschiedliche Bauteile, Unterscheiden und Auswählen von Schalmaterialien sowie Anwenden von Schalplänen,
f) Lesen und Zeichnen von Bewehrungsplänen, Erstellen von Stahllisten, Erläutern von Einbaugrundsätzen,
g) Unterscheiden von Konstruktionen im Holzbau, im Trockenbau, von Putzen oder von Estrichen oder
h) Unterscheiden von Baugruben, Gräben, Verbau, Wasserhaltungen oder Infrastrukturtechnik;

Bereich Maurerarbeiten:

a) Unterscheiden von Arten und Eigenschaften von Steinen,
b) Erläutern von Mauerwerkskonstruktionen,
c) Anwenden der Maßordnung im Hochbau sowie
d) Unterscheiden und Erläutern von Vorschriften des Brand-, Schall-, Wärme- und Feuchteschutzes.

Prüfungsinstrument	Prüfungszeit
Schriftlich zu bearbeitende Aufgaben	120 Min.

4.2.2 Teil 2 der Gestreckten Gesellen- oder Abschlussprüfung

Im Prüfungsbereich „Herstellen von Mauerwerkskörpern“ ist zu beachten, dass die Kompetenzen anhand einer von fünf möglichen Tätigkeiten geprüft werden. Die Tätigkeit wird vom Prüfungsausschuss festgelegt.

Prüfungsbereich „Herstellen von Mauerwerkskörpern“	
Im Prüfungsbereich „Herstellen von Mauerwerkskörpern“ hat der Prüfling nachzuweisen, dass er in der Lage ist, 1. Informationen aus Zeichnungen für die Vorbereitung der eigenen Arbeiten zu erfassen, 2. Höhen-, Längen- und Winkelmessungen durchzuführen, 3. Mauerwerkskörper herzustellen, 4. Aufmaße zu erstellen und 5. Arbeitsergebnisse zu beurteilen und zu dokumentieren.	
Für den Nachweis nach Absatz 1 ist eine der folgenden Tätigkeiten (vom Prüfungsauschuss festgelegt) zugrunde zu legen: 1. Herstellen eines Mauerwerkskörpers mit Vorlage und Öffnungen, 2. Herstellen eines Mauerwerkskörpers einschließlich einer Überdeckung als Bogen, 3. Herstellen eines Mauerwerkskörpers mit Ausfachungen im Zierverband, 4. Herstellen eines zweischaligen Sichtmauerwerks oder 5. Herstellen einer Schalung einschließlich der Bewehrung für ein Betonfertigteil in Verbindung mit einem Mauerwerkskörper.	
Prüfungsinstrumente	**Prüfungszeit**
Arbeitsaufgabe	8 Std.
Dokumentation mit praxisüblichen Unterlagen	

M

Prüfungsbereich „Durchführen von Mauerwerksarbeiten"

Im Prüfungsbereich „Durchführen von Mauerwerksarbeiten" hat der Prüfling nachzuweisen, dass er in der Lage ist,

1. Verbände für unterschiedliche Mauerwerkskörper auszuwählen,
2. Konstruktionen von bewehrten Mauerwerkskörpern zu erläutern,
3. Bögen zu konstruieren, einzuteilen und zu berechnen,
4. Konstruktionen von Außenmauerwerken zu erläutern,
5. systemgebundene Verfahren und Bauweisen zur Herstellung von Mauerwerken zu beschreiben,
6. Verfahren zum Einbauen von Elementdecken und -wänden zu beschreiben,
7. Abdichtungsverfahren für Beton- und Stahlbetonbauteile, insbesondere gegen drückendes Wasser, zu beschreiben,
8. Vorgaben zu Betondeckungen zu erläutern,
9. Verfahren zur Nachbehandlung von Betonen zu erläutern,
10. Verfahren zur Instandhaltung von Mauerwerken zu unterscheiden und auszuwählen sowie
11. Schäden an Baukörpern zu analysieren und den Ist-Zustand zu dokumentieren sowie Maßnahmen zur Schadensbegrenzung zu erläutern.

Prüfungsinstrument	Prüfungszeit
Schriftlich zu bearbeitende Aufgaben	90 Min.

Prüfungsbereich „Durchführen von Hochbaumaßnahmen"

Im Prüfungsbereich „Durchführen von Hochbaumaßnahmen" hat der Prüfling nachzuweisen, dass er in der Lage ist,

1. Art und Umfang von Aufträgen zu erfassen sowie Arbeitsabläufe entsprechend der technischen Unterlagen zu planen und zu dokumentieren,
2. Gefährdungen auf Baustellen zu unterscheiden und Schutzmaßnahmen auszuwählen,
3. Zeichnungen für die eigene Arbeitsvorbereitung zu erstellen,
4. sowohl organische als auch anorganische Baustoffe sowie Bauhilfsstoffe zu unterscheiden,
5. Energieeffizienzmaßnahmen unter Berücksichtigung von Aspekten der Nachhaltigkeit zu unterscheiden,
6. Brandschutz- und Schallschutzmaßnahmen zu beschreiben,
7. Messverfahren zu unterscheiden und auszuwählen,
8. Prüfverfahren zu unterscheiden und auszuwählen,
9. Aufmaße zu erstellen,
10. Konstruktionen im Holzbau, im Trockenbau, von Putzen oder von Estrichen zu unterscheiden und auszuwählen sowie
11. Konstruktionen zu Baugruben, Gräben, Verbau, Wasserhaltung oder Infrastrukturtechnik zu unterscheiden und auszuwählen.

Prüfungsinstrument	Prüfungszeit
Schriftlich zu bearbeitende Aufgaben	90 Min.

Prüfungsbereich „Wirtschafts- und Sozialkunde“	
Im Prüfungsbereich „Wirtschafts- und Sozialkunde“ hat der Prüfling nachzuweisen, dass er in der Lage ist, allgemeine wirtschaftliche und gesellschaftliche Zusammenhänge der Berufs- und Arbeitswelt darzustellen und zu beurteilen.	
Prüfungsinstrument	**Prüfungszeit**
Schriftlich zu bearbeitende Aufgaben	60 Min.

Rückfalloption:
Der Prüfungsbereich „Herstellen von Baukörpern und Durchführen von Hochbauarbeiten“ (Teil 1) ist identisch mit den Prüfungsbereichen der Gesellen- oder Abschlussprüfung im zweijährigen Beruf. Die sogenannte Rückfalloption ermöglicht eine Anerkennung der Prüfungsleistungen in der Teil 1 Prüfung als Berufsabschluss. Voraussetzungen sind:

- finales Nichtbestehen der Prüfung nach drei Jahren (auch unter Berücksichtigung von Wiederholungsprüfungen und mündlicher Ergänzungsprüfung),
- mindestens ausreichende Prüfungsleistungen in der Teil 1 Prüfung,
- mindestens ausreichende Prüfungsleistungen in Wirtschafts- und Sozialkunde und
- ein Antrag bei der zuständigen Kammer.

5 Links und Adressen

Links

Hochbaufacharbeiter/-in (Schwerpunkt Maurerarbeiten)

Beruf im Überblick: ▸ Ausbildungsordnung ▸ Rahmenlehrplan, inkl. Entsprechungsliste (KMK) ▸ Zeugniserläuterungen	https://www.bibb.de/dienst/berufesuche/de/index_berufesuche.php/profile/apprenticeship/yse7474

Maurer/-in

Beruf im Überblick: ▸ Ausbildungsordnung ▸ Rahmenlehrplan, inkl. Entsprechungsliste (KMK) ▸ Zeugniserläuterungen	https://www.bibb.de/dienst/berufesuche/de/index_berufesuche.php/profile/apprenticeship/maurer26

Weitere Informationen

Modernisierung der Bauwirtschaftsberufe	https://www.bibb.de/de/182919.php
Leando	https://leando.de
Standardberufsbildpositionen (modernisiert 2021)	https://www.bibb.de/de/134898.php
Unterweisungspläne für überbetriebliche Ausbildungsstätten (Heinz-Piest-Institut für Handwerkstechnik)	https://hpi-hannover.de/gewerbefoerderung/unterweisungsplaene.php
Hubbs – Der Hub für berufliche Schulen	https://hubbs.schule
KMK	https://www.kmk.org
Berufsbildungsgesetz (BBiG)	https://www.gesetze-im-internet.de/bbig_2005
Handwerksordnung (HwO)	https://www.gesetze-im-internet.de/hwo
Nachhaltigkeits-Navigator Handwerk	https://navigator.nachhaltiges-handwerk.de

Adressen

Bundesinstitut für Berufsbildung (BIBB)
Friedrich-Ebert-Allee 114–116
53113 Bonn
Tel.: 0228 | 107 0
https://www.bibb.de

Bundesministerium für Bildung und Forschung (BMBF)
Heinemannstraße 2 und 6
53175 Bonn
Tel.: 0228 | 99 57 0
https://www.bmbf.de

Bundesministerium für Wirtschaft und Klimaschutz (BMWK)
Scharnhorststraße 34–37
10115 Berlin
Tel.: 030 | 18 615 0
https://www.bmwk.de

Sekretariat der Ständigen Konferenz der Kultusminister der Länder in der Bundesrepublik Deutschland (KMK)
Taubenstraße 10
10117 Berlin
Tel.: 030 | 25 418 0
https://www.kmk.org

Kuratorium der Deutschen Wirtschaft für Berufsbildung (KWB)
Simrockstraße 13
53113 Bonn
Tel.: 0228 | 91 523 0
https://www.kwb-berufsbildung.de

Deutscher Gewerkschaftsbund (DGB)
Keithstraße 1
10787 Berlin
Tel.: 030 | 240 60 0
https://www.dgb.de

Deutsche Industrie- und Handelskammer (DIHK)
Breite Straße 29
10178 Berlin
Tel.: 030 | 20 308 0
https://www.dihk.de

Zentralverband des Deutschen Handwerks e. V. (ZDH)
Mohrenstraße 20/21
10117 Berlin
Tel.: 030 | 30 20619-0
https://www.zdh.de

Zentralverband des Deutschen Baugewerbes e. V.
Kronenstraße 55–58
10117 Berlin
Tel.: 030 | 20314 0
https://www.zdb.de

Hauptverband der Deutschen Bauindustrie e. V.
Kurfürstenstraße 129
10785 Berlin
Tel.: 030 | 21286 0
https://www.bauindustrie.de

Industriegewerkschaft Bauen-Agrar-Umwelt
Olof-Palme-Straße 19
60439 Frankfurt am Main
Tel.: 069 | 9 57 37 0
https://www.igbau.de